Heidi Loose

Dreidimensionale Straßenmodelle für Fahrerassistenzsysteme auf Landstraßen

**Schriftenreihe
Institut für Mess- und Regelungstechnik,
Karlsruher Institut für Technologie**

Band 022

Eine Übersicht über alle bisher in dieser Schriftenreihe erschienenen Bände finden Sie am Ende des Buchs.

Dreidimensionale Straßenmodelle für Fahrerassistenzsysteme auf Landstraßen

von
Heidi Loose

Dissertation, Karlsruher Institut für Technologie
Fakultät für Maschinenbau
Tag der mündlichen Prüfung: 9. Februar 2012
Referenten: Prof. Dr.-Ing. Christoph Stiller, Prof. Dr.-Ing. Klaus Dietmayer

Impressum

Karlsruher Institut für Technologie (KIT)
KIT Scientific Publishing
Straße am Forum 2
D-76131 Karlsruhe
www.ksp.kit.edu

KIT – Universität des Landes Baden-Württemberg und nationales
Forschungszentrum in der Helmholtz-Gemeinschaft

KIT Scientific Publishing 2013
Print on Demand

ISSN 1613-4214
ISBN 978-3-86644-942-8

Dreidimensionale Straßenmodelle für Fahrerassistenzsysteme auf Landstraßen

Zur Erlangung des akademischen Grades eines

Doktors der Ingenieurwissenschaften

von der Fakultät für Maschinenbau
des Karlsruhe Instituts für Technologie (KIT)
genehmigte

Dissertation

von

DIPL.-INFORM. HEIDI LOOSE

Hauptreferent:	Prof. Dr.-Ing. Christoph Stiller
Korreferent:	Prof. Dr.-Ing. Klaus Dietmayer
Tag der mündlichen Prüfung:	9. Februar 2012

Vorwort

Die vorliegende Dissertation entstand im Rahmen meiner Doktorandentätigkeit im Team „Bildverstehen" der Daimler-Forschung.

Dem ganzen Team danke ich hiermit für die Unterstützung in den vergangenen Jahren. Besonders hervorzuheben sind all diejenigen, die sich bei verschiedenen Veröffentlichungen und diesem Schriftstück die Zeit genommen haben, diese zu lesen und Korrekturen einzubringen: Dr. Uwe Franke, Dr. Alexander Barth, Dr. Stefan Gehrig, Dr. Fritjof Stein, Thomas Müller, Dr. David Pfeiffer. Dr. Clemens Rabe möchte ich für die Unterstützung bei den Auswertungen und allen Framework-Problemen bedanken. Auch außerhalb des Teams fanden sich bereitwillige Leser, die mich ebenfalls in meiner Arbeit bestärkt haben, wie Jan Siegemund von der Universität Bonn.

Herrn Professor Stiller danke ich für die Betreuung und Unterstützung meiner Arbeit, sowohl für die Freiheit während der Arbeit, aber auch für den leichten Druck, als es dann zur Abgabe ging. Weiter gilt mein Dank Herrn Professor Dietmayer, der sich kurzfristig bereit erklärt hat, das Korreferat zu übernehmen.

Außerdem möchte ich meinem Mann Tobias Bandh danken, der mich gerade in den letzten Monaten geduldig unterstützt und nie an mir gezweifelt hat. Meine Eltern haben mich immer in meinen Entscheidungen gestützt und gefördert, wofür ich ihnen äußerst dankbar bin.

Ein besonderer Dank gilt meiner Schwiegermutter, die geduldig den Duden bei jedem Satzzeichen zu Rate zog und mehrfach die Arbeit Korrektur las. Sie versuchte, trotz Fachfremdheit, jeden Satz zu verstehen, was ich wirklich bewundere.

Reutlingen, im August 2012 Heidi Loose

Kurzfassung

Die Vision vom autonomen Fahren ist bei der Entwicklung von Fahrerassistenzsystemen immer präsent. Bereits Ende der 1980er Jahre wurde der erste Schritt dazu eingeleitet, als Ernst D. Dickmanns und seine Gruppe ein Fahrzeug aufbauten, das autonom auf einem Autobahnabschnitt fuhr. Durch ein Videosystem wurden die Fahrbahnmarkierungen erkannt und anhand dieser Messungen, zusammen mit einem Straßenmodell, das Fahrzeug geregelt. Sie blieben nicht die einzigen, die sich mit dem autonomen Fahren beschäftigten, doch das System bildete die Grundlage für heutige „*Lane Departure Warning*"- und „*Lane Keeping*"-Systeme, die in Serienfahrzeugen angeboten werden.

Die Einschränkungen des speziell für Autobahnszenarien entwickelten Straßenmodells führen dazu, dass dieses Modell in anderen Szenarien unzureichend ist. Ansteigende und abfallende Straßen und kurvenreiche Verläufe mit dicht aufeinanderfolgenden engen Kurven lassen sich nicht beschreiben. Es wurde eine weitgehend gerade Straße mit großen Kurvenradien und nur geringen vertikalen Abweichungen von einer planaren Ebene vorausgesetzt. In den folgenden Jahren wurde das Modell erweitert, um einige Beschränkungen aufzulösen, doch eine Beschreibung von komplexen Krümmungsverläufen mit einer Straßenquerneigung wurde bis heute nicht realisiert.

In der vorliegenden Arbeit wird ein Straßenmodell beschrieben, das auf die planare Repräsentation aufsetzt und damit die Schnittstellen zu bestehenden Regelungssystemen bedient. Die Beschreibung kurvenreicher Straßenverläufe wird durch eine Erweiterung in der horizontalen Straßenmodellierung um eine Splinekurve ermöglicht. In solchen Verläufen sind die Kurven meist überhöht konstruiert, um ein sicheres Durchfahren zu gewährleisten. Am Ein- und Ausgang von überhöhten Kurven verändert sich hierdurch die Straßenquerneigung. Eine Modellierung dieser Neigung wird durch je eine vertikale Splinekurve für den rechten und den linken Straßenrand realisiert. Anhand des erweiterten Straßenmodells ist es möglich, den dreidimensionalen Verlauf von Straßen mit Anstiegen, Kuppen und Neigungsverläufen zu beschreiben. Gleichzeitig stellt diese Modellierung eine Verknüpfung zwischen dem zur Regelung eingesetzten Straßenmodell und der Straßenverlaufsbeschreibung in Karten dar.

Die eingesetzte Sensorik besteht aus der im Fahrzeug verfügbaren Inertialsensorik, aus der die Geschwindigkeit und Gierbewegung gelesen wird, und einem Stereokamerasystem. In Kombination mit einem Stereoalgorithmus, der ein weitgehend dichtes Disparitätsbild berechnet, wird der Straßenverlauf dreidimensional vermessen.

Das entwickelte Modell führt mehr Parameter ein, um den realen Straßenverlauf zu beschreiben, als alle im Rahmen der Recherche ermittelten Modelle. Die Realisierung und Erprobung der Straßenverlaufserkennung in einem Versuchsfahrzeug, ausgestattet mit einem Stereokamerasystem und einem handelsüblichen Computer mit einer FPGA-Karte zur Stereoberechnung, zeigte die Echtzeitfähigkeit des Algorithmus und die Kontrollierbarkeit dieser vielen Parameter.

Zur Evaluation des erweiterten Modells in Gegenüberstellung mit dem klassischen Ansatz wurden synthetische Bildsequenzen erzeugt, sodass nicht nur im Bild, sondern auch im Weltkoordinatensystem der tatsächliche Straßenverlauf bekannt war. Hierbei wurde gezeigt, dass durch die erweiterte Modellierung der Detektionsbereich deutlich erweitert und zusätzlich die laterale Position und die horizontale Ausrichtung entlang des detektierten Straßenverlaufs besser bestimmt wurde.

Die Grenzen des Verfahrens sind durch die Störfaktoren der Bildverarbeitung gegeben. Ist der Fahrbahnrand auch für den Menschen nur schwer erkennbar, so lässt sich dieser lokal in einem Kamerabild häufig nicht robust detektieren. Außerdem stellen nasse, stark reflektierende Flächen eine Herausforderung für eine bildbasierte 3D-Vermessung der Straßen dar.

Schlagworte: Straßenverlaufserkennung - 3D-Straßenmodell - Visuelle Umgebungserfassung - Stereobildverarbeitung - Fahrerassistenzsysteme

Abstract

The vision of fully autonomous driving is always present in the development of driver assistance systems. In the late 1980s the first step was made when Ernst D. Dickmanns and his group built up a vehicle that autonomously drove on a section of a highway. Using a vision system the road markings were identified and with these measurements in the combination with a road model and a dynamic vehicle model, the car was controlled. They were not the only ones handling the subject of autonomous driving, but this system is the basis for today's lane depature warning and lane keeping systems, which are offered in today's serial production vehicles.

The restrictions, of the road model developed specifically for highway scenarios lead to the fact that it is inadequate in other scenarios. Hilly roads and winding paths, when tight curves follow one another, can not be described with this model. It assumed a largely straight road with large curve radii, and only small vertical deviations from a planar plane. In the following years the model has been extended to resolve some restrictions, but a description of complex curves with a road bank angle has not been realized.

The road model described in this work is based on the planar representation, and thus continues to operate the interface with existing control systems. An expansion in the horizontal modeling to a spline curve allows the description of twisty road courses. In such courses, the curves are usually constructed with a cant to ensure a safe passage. The roads bank angles change at input and output of banked curves. A modeling of this is realized by one vertical spline curve for each left and right road edge. Using this description, it is possible to describe the three-dimensional path of roads with slopes, ridges and slope gradients. At the same time, this model creates a link between the road model used in control systems and the road description in maps.

The sensors used are the basic inertial sensors available in the vehicle, from which the speed and yaw motion is taken, and a stereo camera system. In combination with a stereo algorithm that computes a largely dense disparity image, a three-dimensional survey of the road is realized.

The developed model outclasses the other road models identified in research in the context of the number of road parameters taken into account. The implementation and testing of road detection in a test vehicle, equipped with a stereo camera system and a commercially available computer with an FPGA-card for stereo computation, showed the real-time capability of the algorithm and the controllability of the high number of parameters.

To evaluate the extended model in comparison with the classical approach synthetic image sequences were generated so that the actual road course was known not only in the image plane, but also in the world coordinate system. The results showed a significant expansion of the viewing range and also an improvement in the lateral position and the horizontal alignment along the detected road gradient.

The limitations of the system are the disturbing factors of image processing. If the edge of the road is too hard to detect even for people, it often cannot be detected locally in the camera image. In addition, wet, highly reflective surfaces are a challenge for an image-based 3D surveying of road surfaces.

Keywords: lane recognition - 3D road model - vision based environment perception - stereo vision - driver assistant systems

Inhaltsverzeichnis

1. Einleitung

Schon vor über zwanzig Jahren wurden an der Bundeswehruniversität in München die Grundsteine für eine visuelle Straßenerkennung gelegt. Das damals unter der Leitung von Ernst Dickmanns entwickelte System zur Fahrstreifenerkennung bildet auch heute noch die Grundlage für die meisten *„Lane Departure Warning"*- und *„Lane Keeping"*-Systeme, die inzwischen für LKWs und PKWs verfügbar sind. Während *„Lane Departure Warning"*-Systeme den Fahrer nur warnen, wenn eine detektierte Straßenmarkierung überfahren wird, unterstützen *„Lane Keeping"*-Systeme den Fahrer aktiv bei der Fahrstreifenhaltung.

Das verwendete Straßenmodell beschreibt die Position und Orientierung des Fahrzeugs relativ zur Straße und den lokalen Krümmungsverlauf der Straße an der Fahrzeugposition. Eine Fahrzeugführung unter Verwendung dieses Modells wurde bereits 1987 auf einem Autobahnabschnitt realisiert und danach anhand unzähliger Versuchsfahrten mit verschiedenen Fahrzeugen evaluiert. Hierbei blieb allerdings der Einsatzbereich auf Schnellstraßen beschränkt, wie auch in den inzwischen verfügbaren Fahrerassistenzsystemen in diesem Bereich. Einige Systeme schalten erst bei hohen Geschwindigkeiten ein, wodurch Straßenverläufe mit großen Kurvenradien gewährleistet werden. Die Ursache hierfür liegt in den Beschränkungen des eingesetzten Straßenmodells. Durch die lokale Beschreibung der Krümmung können komplexere Verläufe, wie sie auf kurvenreichen Landstraßen vorkommen, nicht dargestellt werden. Auch ist die bisherige Repräsentation auf das Zweidimensionale beschränkt. Vertikale Krümmungsverläufe werden nicht berücksichtigt.

Die Schwierigkeiten, die sich dadurch ergeben, sind in Abbildung 1.1 gezeigt. Das obere Bild zeigt eine kurvenreiche Landstraße. Das Fahrzeug, aus dem dieses Bild aufgenommen wurde, befindet sich noch in einer Rechtskurve, die in eine Linkskurve übergeht. Die lokale Beschreibung des Krümmungsverlaufs kann diesen Krümmungswechsel nicht darstellen. Bei hügeligen Straßenverläufen ist die Vernachlässigung des vertikalen Krümmungsverlaufs problematisch, wie in Abbildung 1.1b zu sehen ist. Die longitudinale Entfernung der detektierten Markierung wird nicht berücksichtigt, sodass die vertikale Krümmung der geraden Straße als eine horizontale Kurve im Straßenverlauf interpretiert wird.

Solche Probleme können nur durch eine Erweiterung des Modells gelöst werden, wie sie im Rahmen dieser Arbeit entwickelt wurde und in dieser Ausarbeitung erläutert wird. Im Horizontalen ist die Unterteilung des Krümmungsverlaufs in Abschnitte erforderlich. Nur so können die Krümmungswechsel auf Landstraßen beschrieben werden. Das Resultat ist in Abbildung 1.2a dargestellt. Im Gegensatz zu dem Ergebnis aus Abbildung 1.1a, kann hier der Straßenverlauf beschrieben und damit erst erkannt werden. Der vertikale Verlauf der Straße wird in dem neu entwickelten Modell berücksichtigt. Hierbei wird der Krümmungsverlauf ebenfalls nicht nur lokal, sondern abschnittsweise modelliert, sodass der Anstieg einer Straße frühzeitig erfasst werden kann. Der Krümmungsverlauf von hügeligen Landstraßen ist damit beschreibbar, siehe Abbildung 1.2b. Der projizierte Straßenverlauf wird korrekterweise als Kuppe erkannt und nicht, wie in Abbildung 1.1a, eine horizontale Krümmung in die Daten interpretiert.

Kurvenreiche Straßenverläufe, wie in Abbildung 1.2a, weisen häufig sich ändernde Straßenquerneigungen auf. In der Kurve ist der äußere Straßenrand gegenüber dem inneren erhöht, um damit ein dynamischeres Durchfahren der Kurve zu ermöglichen. Eine einfache vertikale Straßenbeschreibung ist hier nicht ausreichend. Durch eine separate Modellierung des vertikalen Krümmungsverlaufs des rechten und linken Straßenrandes wird eine Repräsentation der Straßenquerneigung und -verdrehung ermöglicht.

(a) Einfache Krümmungsmodellierung: Der schnelle Wechsel von einer Rechts- in eine Linkskurve kann erst später erfasst werden.

(b) Annahme einer planaren Straße: In die detektierte Fahrbahnmarkierung wird ein horizontaler Krümmungsverlauf interpretiert.

Abb. 1.1.: Probleme des verbreiteten Straßenmodells: Komplexe Krümmungsverläufe und Höhenänderungen können nicht beschrieben werden.

(a) Segmentierte Kurve: Durch eine abschnittsweise Modellierung kann der Krümmungsverlauf beschrieben werden.

(b) 3D-Modellierung: Der Straßenverlauf wird korrekterweise als gerade, aber abfallend
interpretiert.

Abb. 1.2.: Erweiterte dreidimensionale Modellierung: Durch die eingeführten Erweiterungen lassen sich sowohl horizontale Krümmungsänderungen als
auch dreidimensionale Straßenverläufe beschreiben. Farbig kodiert ist
hier der geschätzte vertikale Straßenverlauf. In Gelb wird die Höhe 0 dargestellt. Rot zeigt einen Anstieg und grün einen Abfall des Verlaufs an.

Das in dieser Arbeit entwickelte Modell wurde so definiert, dass es

- komplexe Krümmungsverläufe, die auf Landstraßen und in Baustellen gegeben sind, repräsentieren kann.

- eine Erweiterung des Klothoidenmodells darstellt, um die Kompatibilität mit dem in der Praxis bewährten Modell zu gewährleisten.

- den dreidimensionalen Verlauf der Straße beschreibt.

Eine solch umfangreiche Straßenmodellierung ist nur sinnvoll, wenn ausreichend Informationen über die dreidimensionale Fahrzeugumgebung zur Verfügung stehen. Als Sensor wird ein Stereokamerasystem eingesetzt. Anhand der beiden Bilder und den Kameraparametern kann mit Hilfe eines Stereoalgorithmus für einzelne Bildpunkte die Disparität und damit die dreidimensionale Position im Kamerakoordinatensystem bestimmt werden. Der verwendete Algorithmus ermöglicht dies für nahezu jeden Bildpunkt, sodass auch für die meist homogene Straßenoberfläche Messwerte über die dreidimensionale Lage zur Verfügung stehen.

In Kapitel 2 werden neben dem von Ernst Dickmanns und seiner Gruppe entwickelten Straßenmodell auch andere Arbeiten im Bereich der Fahrstreifen- und Straßenranddetektion vorgestellt und erläutert. Hierbei erfolgt eine Gliederung anhand der eingesetzten Sensorik, des verwendeten Modells und des Ansatzes zur zeitlichen Filterung.

Theoretische Grundlagen und Verfahren, die die Basis des entwickelten Systems zur Straßenverlaufserkennung bilden, werden in Kapitel 3 eingeführt und erläutert.

Die detaillierte Beschreibung des entwickelten dreidimensionalen Straßenmodells ist in Kapitel 4 zu finden und auf die verwendeten Messungen wird in Kapitel 5 eingegangen.

In Kapitel 6 werden die Ergebnisse des realisierten Systems gezeigt, aufgetretene Probleme angeführt und das erweiterte Straßenmodell mit dem verbreiteten planaren Modell verglichen. Außerdem wird der aus der Vernachlässigung der Straßenwölbung resultierende Fehler betrachtet.

Eine Zusammenfassung und mögliche weiterführende Arbeiten werden in Kapitel 7 dargelegt.

2. Vorangegangene Arbeiten

Die ersten Schritte zum autonomen Fahren wurden bereits Anfang der 1980er bis Mitte der 1990er Jahre gemacht. In der Forschungsunion EUREKA schlossen sich die meisten europäischen Automobilhersteller und einige Universitäten zusammen und starteten das Projekt PROMETHEUS (*PROgraMme for a European Traffic of Highest Efficiency and Unprecedented Safety*). Zwei Pkws, VaMP [Dic94] und VITA II [Ulm94], wurden aufgebaut, die komplett autonom mit einer Geschwindigkeit von bis zu 130 km/h auf einer Autobahn im normalen Verkehr fuhren. Möglich war dies nur durch die bildbasierte Fahrstreifenerkennung, die unter der Leitung von Ernst Dickmanns realisiert wurde.

Das Potential eines solchen Fahrerassistenzsystems wurde erkannt, aber auch die damit verbundenen Schwierigkeiten entdeckt. Die Erwartungen und Anforderungen stiegen, sodass inzwischen viele Forschungsprojekte in diesem Bereich aufgesetzt und abgeschlossen wurden und noch immer offene Fragen und Herausforderungen bestehen. In diesem Kapitel soll ein historischer und fachlicher Überblick über die Arbeiten im Bereich der Fahrstreifen- und Straßenverlaufserkennung gegeben werden. Eine vollständige Darlegung der Veröffentlichungen ist aufgrund der zahlreichen Arbeiten nicht möglich.

Die getroffene Auswahl lässt sich anhand unterschiedlicher Sensoren, Modelle und Methoden unterscheiden, was zu der Gliederung dieses Kapitels führte. In Abschnitt 2.1 werden zunächst Sensoren und Daten eingeführt, die zur Straßenverlaufs- beziehungsweise Fahrstreifenerkennung eingesetzt werden. Anschließend werden in Abschnitt 2.2 verschiedene Arbeiten nach unterschiedlichen Straßenmodellen gegliedert vorgestellt und schließlich Ansätze nach Art der verwendeten zeitlichen Filter in Abschnitt 2.3 unterschieden.

2.1. Verwendete Daten und Sensorik

Neben der bildbasierten Fahrstreifenerkennung, die sich an Markierungen, aber auch an Fahrbahnkanten orientiert, wurden in den letzten Jahren auch Ansätze zur Straßenverlaufserkennung mit anderen aktiven Sensoren realisiert. Die Bilder einer Kamera bieten den Vorteil, dass die Position von Markierungen aus diesen präzise ermittelt werden kann. Allerdings zeigen sich Einschränkungen in der Sichtweite und der Wetterabhängigkeit. Durch den Begriff Sichtweite wird der Bereich beschrieben, in dem robust Messdaten extrahiert werden können. Ein Radarsensor liefert auch bei Nebel, Regen und nasser Fahrbahn zuverlässig die Reflexionen erhabener Objekte, doch Kanaldeckel, Dosen und Schnee führen zu intensiven Reflexionen, die zur Fehlinterpretation des reflektierten Signals führen. Außerdem ist eine Detektion der Fahrbahnmarkierungen aus den Radarsignalen nicht möglich. Die Genauigkeit von Laserdaten und die Möglichkeit der Markierungsdetektion anhand dieser Daten führt zu einer hohen Attraktivität, doch die Kosten für einen Laserscanner liegen bisher deutlich über denen einer Kamera und die Robustheit in der Markierungserkennung liegt unter der einer bildbasierten Detektion.

Der Fokus dieser Arbeit liegt auf kamerabasierten Systemen, sodass solche zunächst in Kapitel 2.1.1 beschrieben werden. In Kapitel 2.1.2 werden Systeme zur Straßenverlaufsschätzung vorgestellt, die auf Radarsensoren aufbauen. Laserscanner werden in den in Kapitel 2.1.3 erwähnten Systemen verwendet. Eine Fusion verschiedener Sensordaten und auch die Einbeziehung von Karteninformationen wird in den unterschiedlichen Ansätzen, die in Kapitel 2.1.4 genannt werden, realisiert.

2.1.1. Bildbasierte Fahrstreifenerkennung

Nach den ersten Schritten in der Fahrstreifenerkennung im Projekt PRO-
METHEUS hat sich die Bildverarbeitung, gerade durch die inzwischen zur
Verfügung stehende Rechenleistung, enorm weiterentwickelt. Neben Bild-
merkmalen wie Konturen oder Texturen, werden auch Daten eines stereo-
skopischen Kamerasystems zur robusten Detektion von Hindernissen, aber
auch zur dreidimensionalen Straßenverlaufserkennung einbezogen.

Anfänge mit Monokamerabildern

Die Erfindung der filmlosen CCD-Kamera 1970 ermöglichte es, die Umgebung visuell zu erfassen und die Daten im Sinne der Bildverarbeitung
zu analysieren. In den ersten Arbeiten im Bereich der Fahrstreifendetektion wurden 1985 analoge CCD-Kameras verwendet, deren Daten in einem
Framegrabber digitalisiert wurden. Mit diesen Daten war es erstmals möglich, visuell den Straßenverlauf zu bestimmen [Dic86]. Zunächst wurden
lediglich zwei Suchfenster im Bild auf dem Fahrstreifenrand positioniert,
in denen Kanten und Markierungen in Echtzeit ermittelt wurden. Eine spä-
tere Erweiterung des Straßenmodells machte eine Erhöhung der Anzahl von
Messwerten erforderlich, um die Beobachtbarkeit von zusätzlichen Modell-
parametern zu gewährleisten. Aufgrund dessen erhöhte Mysliwetz die Anzahl der Suchbereiche auf 8 [Mys90], die in den Ergebnisbildern aus dieser
Ausarbeitung in Abbildung 2.1 eingezeichnet sind.

Durch die Arbeiten im Projekt PROMETHEUS wurde gezeigt, dass vi-
deobasierte Fahrerassistenzsysteme möglich sind. Die rapiden Fortschritte
in der Digitalisierung der Kameratechnik und die Steigerung der zur Verfügung stehenden Rechenleistung von Computern machten diesen Bereich
zukunftsrelevant.

Die Forschung wurde vorangetrieben und weitere Ansätze zur bildbasierten Fahrstreifen- beziehungsweise Straßenverlaufserkennung veröffentlicht. Viele Systeme, die auf den Arbeiten um Ernst Dickmanns aufbauen,

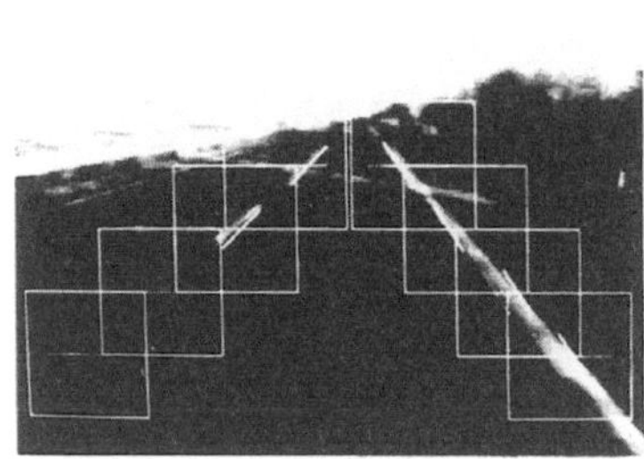

(a) Autobahnszene

(b) Rechtskurve

Abb. 2.1.: Ergebnisbilder aus den Arbeiten von Mysliwetz [Mys90]: Im linken Bild ist eine Autobahnszene mit gut sichtbaren Fahrbahnmarkierungen dargestellt. Im rechten Bild ist eine Rechtskurve mit einem Radius von 140 m abgebildet. In beiden Beispielen sind die 8 Suchfenster, in denen der Straßenrand beziehungsweise die Fahrbahnmarkierung detektiert werden, eingezeichnet.

wurden und werden entwickelt, um in jeglichen Straßen-, Fahr- und Wettersituationen eine Erkennung des Straßenverlaufs realisieren zu können.

Im Folgenden werden weitere Arbeiten vorgestellt, die sich in der Bildverarbeitung von dem anfänglichen Ansatz differenzieren.

Forschungsgruppen an der Carnegie Mellon University arbeiteten seit Anfang der 1980er Jahre intensiv an der Herausforderung des autonomen Fahrens.

Dean A. Pomerleau stellte 1989 eine grundlegende Arbeit vor [Pom89]. **ALVINN** (*Autonomous Land Vehicle In A Neural Network*) war ein Fahrzeug, das ein neuronales Netz nutzte, um anhand eines Kamerabildes und eines Lasers der Straße zu folgen. Die Aufgabe war, das Fahrzeug immer in die Mitte der Straße zu lenken.

Jill Crisman und Chuck Thorpe versuchten in ihren Arbeiten 1991 **UN-SCARF** (*UNSupervised Clustering Applied to Road Following*) [Cri91] und 1993 **SCARF** (*Supervised Classification Applied to Road Followi-*

ng) [Cri93] anhand von Mustererkennung die Straße von der Straßenumgebung zu unterscheiden. UNSCARF beschreibt ein Verfahren, in dem zunächst Bildpunkte ähnlicher Farbe in Regionen zusammengefasst werden und dann die Kombination von diesen Bereichen ausgewählt wird, die eine Straßenoberfläche beschreiben. In SCARF wurde anhand von Farbbildern für jedes Pixel eine Wahrscheinlichkeit bestimmt, mit der dieser Bildpunkt zur Straßenoberfläche zählt. Das resultierende Wahrscheinlichkeitsbild wurde verwendet, um verschiedene Straßenverlaufshypothesen zu evaluieren. Den wahrscheinlichsten Verlauf setzte man schließlich in einen Pfadplanungsalgorithmus ein, um das Versuchsfahrzeug zu steuern. Bei der Modellierung, anhand derer die Hypothesen aufgestellt wurden, ging man davon aus, dass die Straße im Nahbereich gerade und planar ist und die Straßenbreite sich nicht ändert. Bei den Arbeiten verzichtete man gänzlich auf eine Verwendung des Gradienten und arbeitete ausschließlich auf unmarkierten Straßen. Allerdings zeigte sich, dass die Unterscheidung von Straße und Nicht-Straße in schattigen Bereichen durch den reduzierten Kontrast schwierig ist.

Ein Höhepunkt der Forschung stellte die *„No Hands Across America"*-Tour dar, bei der basierend auf dem Programm **RALPH** die circa 4550 km lange Strecke von Pittsburgh nach San Diego zu 98,5 % autonom, lateral gesteuert gefahren wurde. RALPH (*Rapidly Adapting Lateral Position Handler*) [Pom96] war ein Projekt des Robotics Institute unter der Leitung von Dean Pomerleau. Hierbei wurden die horizontale Straßenkrümmung und der laterale Versatz des Fahrzeugs zur Spurmitte bestimmt. Ein gerader Straßenverlauf mit 7 m Breite und einer variablen Länge, die typischerweise den Bereich von 50 m bis 120 m abdeckt, wurde, wie in Abbildung 2.2 dargelegt, in das Kamerabild projiziert. Der trapezförmige Bildbereich wird in die Vogelperspektive transformiert, siehe Abbildung 2.3, sodass die Straßenmarkierungen und -begrenzungen parallel verlaufen. Anhand dieser Darstellung werden verschiedene Krümmungshypothesen getestet. Hierzu wird das Bild so transformiert, dass, falls die Hypothese zu-

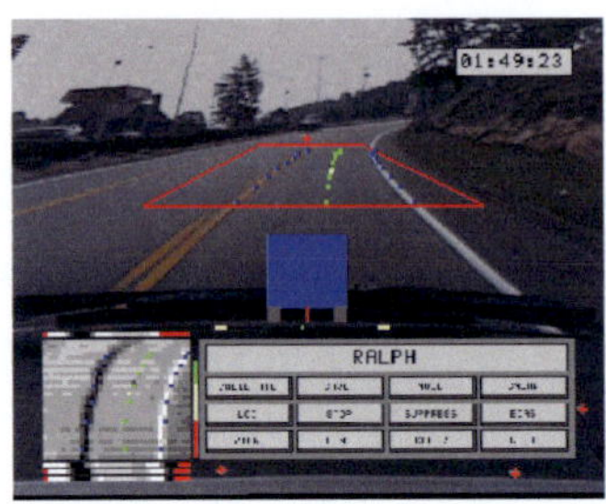

Abb. 2.2.: Kamerabild mit trapezförmigem Auswahlbereich. Bildquelle: [Pom06].

treffend ist, die Straßenmarkierungen parallel verlaufen. Dies wurde durch eine spaltenweise Integration der Intensitätswerte bewertet, bei der ein Profil entsteht. Abbildung 2.4 zeigt das Ergebnis von zwei Transformationen zusammen mit den Intensitätsprofilen. Hierbei zeigt das rechte Bild ein Profil, das entsteht, wenn die Annahme über den Krümmungsverlauf zutrifft. Auf diese Weise werden mehrere Hypothesen behandelt, um die Krümmung des Fahrstreifens zu ermitteln, siehe Abbildung 2.5. Durch die Integration über einen großen Bildbereich ist dieser Ansatz unempfindlich gegenüber Rauschen. Allerdings werden nur bestimmte Krümmungshypothesen evaluiert, sodass die Genauigkeit stark von den betrachteten Hypothesen abhängt.

Durch das Projekt PROMETHEUS angeregt, setzte Alberto Broggi das Projekt **ARGO** auf. In dem Testfahrzeug ARGO, das Bertozzi et al. in [Ber97] beschreiben, wird der Bildverarbeitungsalgorithmus **GOLD** evaluiert. GOLD (*Generic Obstacle and Lane Detection system*) bezeichnet ein System, in dem neben dem Fahrstreifen auch erhabene Objekte detektiert werden, sodass Störungen durch entgegenkommende und vorausfahrende Fahrzeuge eliminiert werden. Der von Massimo Bertozzi und Alberto Broggi [Ber98a] beschriebene Ansatz basiert auf einer inversen perspektivischen Abbildung, *„Inverse Perspective Mapping“*, beider Bilder eines Stereokamerasystems. Die Bilder werden von der perspektivischen Ansicht auf der

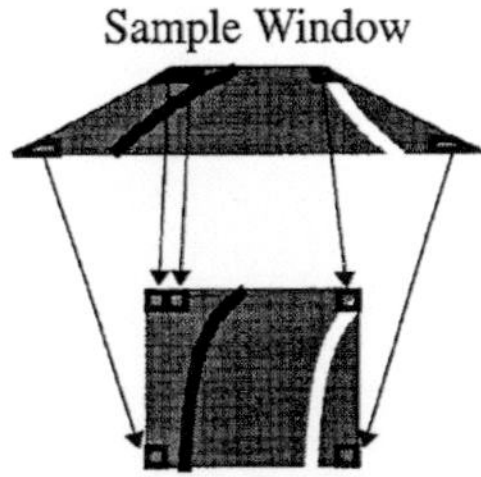

Abb. 2.3.: Transformation von der Bildebene in die Vogelperspektive. Bildquelle: [Pom96].

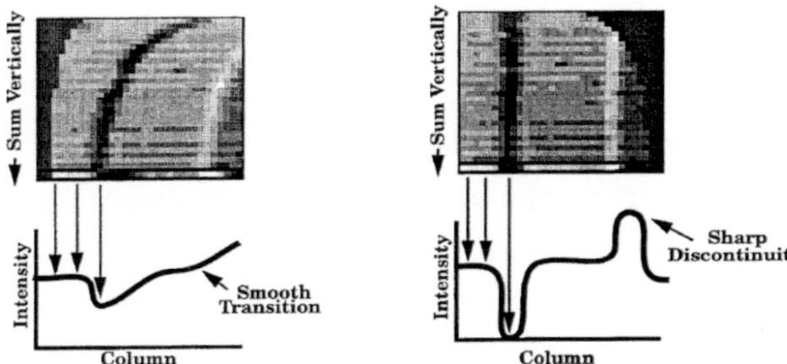

Abb. 2.4.: Zur Bewertung der Krümmungshypothese wird das Intensitätsprofil des transformierten Bildes erstellt. Das Intensitätsprofil der Hypothese, die der tatsächlichen Krümmung am nächsten ist, weist die deutlichste Diskontinuität auf. Bildquelle: [Pom96].

Bildebene in die Vogelperspektive transformiert, Abbildung 2.6, um erhabene Objekte von der als planar angenommenen Straßenoberfläche zu unterscheiden. Zur Fahrstreifendetektion werden helle Streifen auf dunklem Grund in dem transformierten Bild der linken Kamera extrahiert. Die Bildbereiche, die in der vorgeschalteten Objektdetektion als erhaben erkannt wurden, werden vor der Ergebnisgenerierung maskiert, Abbildung 2.7.

Durch die Projektion der Kamerabilder in die Vogelperspektive ist dieses Verfahren stark von den Kameraparametern abhängig. Ein fehlerhafter

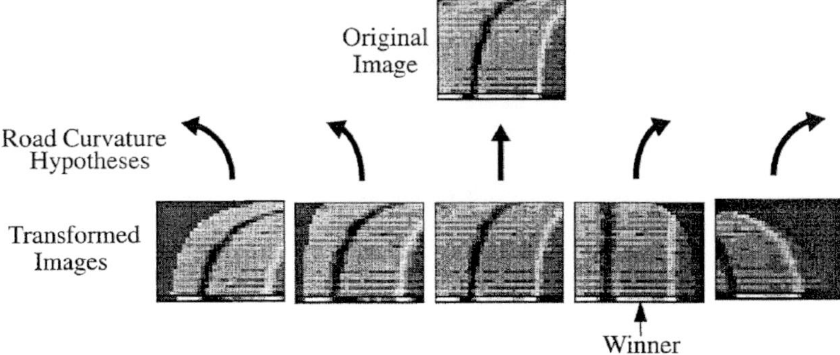

Abb. 2.5.: Verschiedene Krümmungshypothesen werden anhand des Intensitätspro-
fils des transformierten Bildes untersucht, um die naheliegendste Krümmung zu ermitteln. Bildquelle: [Pom96].

Nickwinkel führt zum Beispiel dazu, dass die Fahrbahnmarkierungen im
transformierten Bild nicht parallel verlaufen und die Entfernung des detektierten Objekts fehlerhaft bestimmt wird.

Die ersten Ergebnisse des Einsatzes von GOLD mit dem Testfahrzeug
ARGO wurden von Bertozzi et al. in [Ber98b] vorgestellt. Der Höhepunkt
des Projekts war die „*MilleMiglia in Automatico*", eine 2000 km langen
Testfahrt, die im Juni 1998 zurückgelegt wurde, [Bro99a, Bro99b]. Die
Strecke wurde in sieben Teilabschnitte unterteilt, von denen jeder zwischen
175 und 365 km lang war. Auf den Abschnitten fuhr ARGO unter dem
Einsatz von GOLD zwischen 85,1% und 95,4% autonom.

LANA (*Lane-finding in ANother domAin*) wurde 1999 von Kreucher
und Lakshmanan [Kre99] vorgestellt. Hierbei erfolgt die Detektion von
Markierungen im Frequenzraum, in dem diagonaldominante Kanten von
zufällig orientierten Kanten differenziert wurden. Durch die Anwendung
einer mehrdimensionalen Fouriertransformation ist auch eine Detektion
von Markierungen in Kurven möglich.

Ran und Liu stellten in [Ran99] einen Ansatz vor, in dem zunächst eine
Straßensegmentierung anhand der farbigen Erscheinung der Straßenober-

(a) Bild der linken Kamera.

(b) Bild der rechten Kamera.

(c) Transformiertes Bild der linken Kamera.

(d) Transformiertes Bild der rechten Kamera.

Abb. 2.6.: Bilder des Stereokamerasystems und das Ergebnis der inversen perspektivischen Abbildung. Bildquelle: [Fas97].

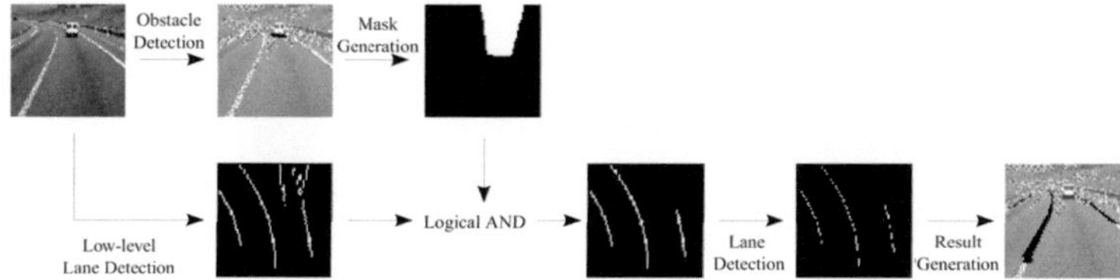

Abb. 2.7.: Verknüpfung aus Objekt- und Spurerkennung zum Filtern von Messungen auf Objekten. Bildquelle: [Fas97].

fläche in Farbbildern erfolgt. Unter Verwendung eines 20x20 Pixel großen Bereiches im unteren Bildrand werden der mittlere Farbton, die mittlere Sättigung und der mittlere Intensitätswert der Straße bestimmt. Jeder Bildpunkt, dessen Farbwerte im 5σ-Bereich um den Referenzwert liegen, wird als zur Straße gehörig interpretiert. Durch die Verwendung von Farbbildern im HSV-Farbraum (*hue, saturation, value*) werden in dem vorgestellten Ansatz auch Schattenbereiche auf der Straßenoberfläche identifiziert und eliminiert. Die eigentliche Fahrstreifenerkennung erfolgt kantenbasiert auf dem segmentierten Straßenbereich durch eine Hough-Filter basierte Liniendetektion.

In [Apo03] und [Fra07] wurden Merkmale der Straßenoberfläche direkt in die Straßenverlaufserkennung einbezogen. Durch die Verwendung eines probabilistischen Filteransatzes, bekannt als Partikelfilter (PF), wurden in diesen Arbeiten neben den Kanten als fahrbahnabgrenzendes Merkmal, auch der Farbwert und die Textur der Straße in die Schätzung einbezogen. Hierzu wurden Histogramme über den Grauwert der Straße und der Umgebung erstellt. In [Fra07] wurde auch der kleinere Eigenwert des Strukturtensors, bezüglich der Bildpunkte aus diesen Bereichen, ausgewertet. Diese Histogramme und die Kanten im Bild wurden verwendet, um einer Hypothese über den Straßenverlauf eine wahrscheinlichkeitsbezogene Bewertung zuzuordnen. Weitere Systeme, die auf dem Partikelfilteransatz beruhen, werden in Abschnitt 2.3 vorgestellt.

Erweiterung durch ein Stereokamerasystem

Mit den Entwicklungen im Bereich der Computerhardware und der Stereoalgorithmik kam die Möglichkeit einer robusten bildbasierten, dreidimensionalen Wahrnehmung der Straße unter der Verwendung von zwei Kameras.

In [Tay96] wird bereits ein Stereokameraaufbau verwendet, doch das eingesetzte Straßenmodell ist äußerst limitiert. Ausschließlich die Position und

Orientierung des Fahrzeugs innerhalb des Fahrstreifens werden bestimmt, ohne eine Krümmung des Straßenverlaufs zu berücksichtigen. Fahrbahnmarkierungen werden durch eine lineare Hough-Transformation detektiert.

In dem Ansatz von Nedevschi et al. [Ned04] werden die Stereomessungen innerhalb der prädizierten Straße zur Bestimmung der vertikalen Krümmung und des Nickwinkels verwendet. Die Bestimmung beider Größen erfolgt über Histogramme. Zunächst wird der Nickwinkel in einem Bereich von bis zu 30 m bestimmt. Anschließend wird, unter der Annahme dieses Nickwinkels, eine vertikale Straßenkrümmung ermittelt. Nach der Detektion des horizontalen Straßenverlaufs wird aus der mittleren Höhe des linken und rechten Straßenrandes der Rollwinkel des Fahrzeugs zur Straße bestimmt. Bei der dreidimensionalen Beschreibung der Straßenneigung wird die Verdrehung der Straße nicht berücksichtigt.

Der Fokus der Straßenverlaufserkennung liegt noch immer auf Schnellstraßen, sodass nur wenige Arbeiten sich mit der Dreidimensionalität der Straße beschäftigen.

Kombination von Karten und Kamerabildern

Bereits 1992 wurde von Siegle et al. [Sie92] ein Ansatz veröffentlicht, in dem eine bildbasierte Markierungs- und Kreuzungserkennung zusammen mit einem Navigationssystem [Bux91] zur autonomen Fahrzeugführung kombiniert wurde. In dem Navigationssystem erfolgte die Bestimmung der aktuellen Position mittels *„Dead Reckoning"* anhand von zwei Radsensoren, die den Winkel und die gefahrene Distanz messen, und einem Kompass. Durch einen *„Map-Matching"*-Ansatz wird die tatsächliche Position des Fahrzeugs auf einer Karte ermittelt und so sich akkumulierende Fehler in der Positionsschätzung reduziert.

Handelsübliche digitale Karten könnten bei der Straßenverlaufsbestimmung eine bedeutende Rolle einnehmen. Sie bieten Vorteile, zu denen unter anderem der unbegrenzte Sichtbereich und die Wetterunabhängigkeit zählen. Doch bei der Verwendung dieser Karten treten in der Praxis einige Probleme auf. Die zwei entscheidenden sind

- Positionierung auf der Karte

- Unzulänglichkeit der Karte

Die **Positionierung** durch „*Dead Reckoning*" und „*Map-Matching*" ist rechenaufwändig und fehleranfällig. Außerdem muss hierbei eine Ausgangsposition bekannt sein, aufgrund der eine lokale Positionierung erfolgt. Durch den Einsatz eines „*Global Positioning System*"(GPS)-Sensors kann die globale Position eines Fahrzeugs bis auf ungefähr 12 m bestimmt werden. Diese Genauigkeit ist allerdings für eine präzise Straßenverlaufsschätzung, wie sie in Fahrerassistenzsystemen erforderlich ist, zu ungenau. Für eine präzisere Positionierung wurde das sogenannte „*Differential GPS*"(D-GPS) eingeführt. Abweichungen in der Positionsbestimmung, die durch verschiedene Fehlerquellen, wie Ungenauigkeiten in der Satellitenposition, atmosphärische Einflüsse, unpräzise Uhr des Satelliten, verursacht sind, werden anhand von Korrektursignalen ausgeglichen. Die Korrektursignale werden an Referenzstationen bestimmt, deren tatsächliche Position präzise ermittelt wurde. An dieser Station lässt sich die Abweichung von der tatsächlichen zu der gemessenen GPS-Position, und die daraus resultierenden notwendigen Korrekturen, berechnen. Auf diese Weise wird die Laufzeit des Satellitensignals evaluiert und eine Genauigkeit von ungefähr 1 m ermöglicht. Doch gerade in der Fahrzeugquerrichtung ist auch dies zu unpräzise. Erst ein Korrektursignal, für das die Trägerphase des Satellitensignals ermittelt wurde, führt zu einer ausreichenden Genauigkeit im Millimeterbereich. In Echtzeitsystemen ist es erforderlich, dass diese Korrektursignale direkt über ein geeignetes Medium, wie Radio, Funk oder Handynetze, übertragen werden. D-GPS-Sensoren mit der nötigen Genauigkeit werden aufgrund der Kosten aktuell nicht in Serienfahrzeugen mit einer großen Stückzahl verbaut.

Eine detaillierte Beschreibung von GPS und D-GPS, den Einsatzbereichen, Problemstellungen und technischen Hintergründen sind in [Zog09] zu finden.

Als **Unzulänglichkeit** der Karte ist nicht eine unzureichende Genauigkeit dieser zu verstehen, sondern tatsächliche Fehler in der Karte. Diese können durch veraltete Daten oder durch mangelnde Sorgfalt bei der Erstellung verursacht sein.

Ein möglicher Lösungsansatz für beide Probleme beschrieb Pink in [Pin08]. Er erstellte zunächst automatisiert anhand von Luftbildern, zu sehen in Abbildung 2.8a, hoch präzise Karten, die nicht einen Straßenverlauf beinhalten, sondern die Position der Straßenmarkierungen. Eine solche Merkmalskarte ist in Abbildung 2.8b dargestellt. Durch die Erstellung der Karte anhand von Luftbildern ist zeitaufwändiges Abfahren von Straßen nicht erforderlich und die Korrektheit und Aktualität der Karten sind ausschließlich an die Luftbilder gebunden. Die Positionierung auf der Karte erfolgt durch die Aufnahmen eines im Fahrzeug positionierten Stereokamerasystems anhand der detektierten Straßenmarkierungen. In Abbildung 2.8c ist ein Kamerabild und das dazu korrespondierende Luftbild dargestellt. Durch die genaue Positionierung bezüglich der Markierung sind Position und Ausrichtung im Fahrstreifen bekannt. Eine Erkennung des Straßenverlaufs im Kamerabild ist nicht notwendig, da dieser aus der Karte entnommen werden kann. Eine Erweiterung der Merkmalskarte mit einer Straßenverlaufsbeschreibung anhand von Kurven ist somit empfehlenswert.

2.1.2. Straßenverlaufserkennung mittels eines bildgebenden Radars

Die optische monokulare Spurerkennung ist durch die erforderliche Detektion des Straßenrands und durch die perspektivische Projektion auf die Bildebene im Sichtbereich stark eingeschränkt.

(a) Luftbild.

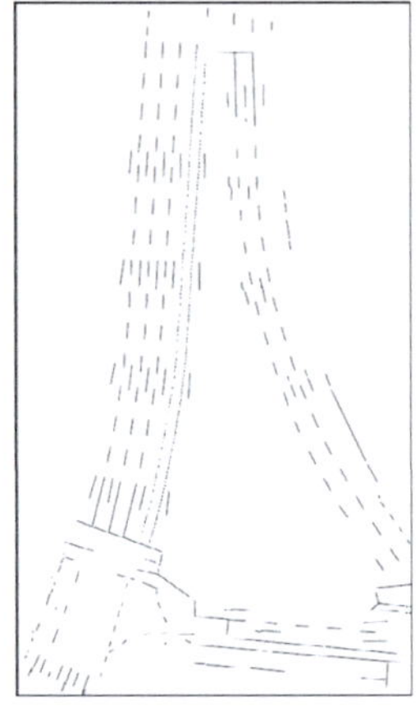

(b) Merkmalskarte.

(c) Luftbild mit korrespondierendem Bild aus einer Fahrzeugkamera.

Abb. 2.8.: Bildbasierte Positionsbestimmung anhand von Merkmalskarten aus Luftbildern: Aus dem Luftbild (a) wird automatisiert eine Merkmalskarte (b) generiert. Anhand der Straßenmarkierungen in dem Kamerabild, (c) unten, und der Merkmalskarte erfolgt eine Positionsbestimmung. Bildquelle: [Pin08].

Durch die perspektivische Abbildung der Straße ist eine Erkennung von Straßenmarkierungen in einem Kamerabild nur bis zu einer Entfernung von circa 40 m möglich, was bereits eine sehr kontraststarke Markierung voraussetzt.

Bei dem Nichtvorhandensein einer Markierung ist auf die Detektion der Fahrbahnkante zurückzugreifen, doch diese ist meist nicht eindeutig bestimmbar. Schäden und Ausbesserungen des Straßenbelags führen zu Kanten innerhalb der Fahrbahn, die eine eindeutige Identifizierung des tatsächlichen Fahrbahnrandes erschweren. Während im Nahbereich die Informationen aus dem Bild für eine Zuweisung noch ausreichend sein können, ist im Fernbereich die Auflösung zu gering, als dass eine eindeutige Bestimmung möglich wäre. Erst durch die Hinzunahme von erhabenen Objekten

Abb. 2.9.: Radarbasierte Straßenverlaufserkennung: Das hohe Gras am Straßenrand reflektiert die Radarstrahlen. Anhand der Messdaten rechts kann der Straßenverlauf detektiert werden. Bildquelle: [Mei03].

lässt sich der Straßenverlauf in einer größeren Entfernung ermitteln. Diese erhabenen Objekte können im Fernbereich durch den Einsatz eines Stereokamerasystems mit einer großen Basisbreite oder durch die Verwendung eines Radarsensors erkannt werden. Beide Möglichkeiten wurden in [Loo09] beschrieben.

Einen Ansatz zur Straßenerkennung auf den Daten eines bildgebenden Radars veröffentlichten Lakshmanan et al. [Lak98]. Meis et al. [Mei03] nutzten dieses Verfahren ebenfalls zur Straßenverlaufserkennung. Mit einem neu entwickelten Sensor zeigten sie, welche Messqualität mit einem bildgebenden Radar erzielt werden kann und nutzten die Daten ebenfalls zur Objektdetektion und -separation.

In den Abbildungen 2.9 und 2.10 sind die Radarmessungen von zwei Szenen dargestellt. In der ersten reflektiert das hohe Gras am Straßenrand das Radarsignal, sodass der Straßenverlauf anhand der Sensordaten detektiert werden kann. In der zweiten Situation werden die vorausfahrenden Fahrzeuge angemessen. Da das Radar von der Straßenoberfläche reflektiert wird, können auch Fahrzeuge erfasst werden, die im Bild verdeckt sind.

Abb. 2.10.: Objekterkennung: Neben dem direkt vorausfahrenden Fahrzeug werden auch die im Kamerabild links verdeckten Fahrzeuge angemessen. Die Radarstrahlen werden von der Straße reflektiert und erst von dem entfernten Fahrzeug zurückgeworfen. Diese Fahrzeuge sind in den Radarmessdaten rechts deutlich zu erkennen. Bildquelle: [Mei03].

Seit 2003 steigt die Anzahl der Veröffentlichung zu diesem Thema. Während Darms et al. einen ausschließlich radarbasierten Ansatz in [Dar09] vorstellten, verwendeten Serfling et al. [Ser08] die Radardaten in der Fusion mit Karten- und Kameradaten zur Straßenverlaufsschätzung bei Nacht. In [Loo09] wurden ebenfalls Daten eines bildgebenden Radars und eines Kamerabildes eingesetzt.

Ein Jahr später fusionieren Darms et al. [Dar10] den radarbasierten Ansatz aus [Dar09] mit einem *„structure from motion"*-basierten Ansatz auf Kamerabildern und Meis et al. [Dar10] beschreiben ein Verfahren, um eine kamerabasierte Fahrstreifenerkennung im Nahbereich mit Radarmessungen aus dem Fernbereich zu erweitern, siehe Abschnitt 2.1.4.

Der in [Dar10, Ser08, Loo09] eingesetzte einzeilig scannende Radarsensor detektiert solche Objekte in der Umgebung, die Radarenergie reflektieren. Neben der empfangenen Energie erhält man über den Dopplereffekt Informationen zu der Relativgeschwindigkeit der Objekte. Diese Informationen stehen rauschbehaftet in zwei Bildern zur Verfügung. Im Intensi-

(a) Kamerabild.

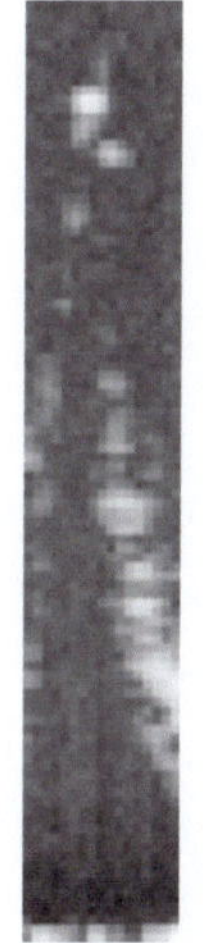

(b) Intensitätsbild.

(c) Dopplerbild.

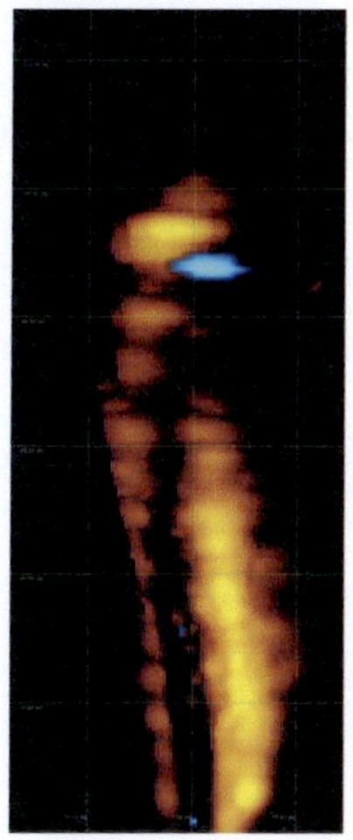

(d) Interpretierte Radardaten.

Abb. 2.11.: Daten des bildgebenden Radars: Zu der dargestellten Straßensituati-on (a) liefert das bildgebende Radar ein Intensitätsbild (b) und ein Dopplerbild (c). Anhand des Dopplerbildes können bewegte und stati-sche Objekte voneinander unterschieden werden. In (d) ist das bewegte Objekt in Cyan, die statischen Objekte sind in Gelb dargestellt. Die sta-tischen Objekte wurden zeitlich integriert, wobei die Eigenbewegung des Systemfahrzeugs kompensiert wurde.

tätsbild $i(r, \phi)$ wird pro Scanrichtung im Winkel ϕ und in der Entfernung r der Intensitätswert des reflektierenden Signals aufgetragen. Im Dopplerbild $d(r, \phi)$ wird der ermittelte Dopplerwert gespeichert. Die Rohdaten sind in den Abbildungen 2.11b und 2.11c dargestellt. Erhabene Objekte, wie zum Beispiel Leitplanken, Baken und Büsche, reflektieren die Radarenergie zurück in Richtung des Transmitters, sodass diese Hindernisse in den Messdaten zu erkennen sind. Die planare Straßenoberfläche spiegelt die Energie, sodass nur wenige schwache Messungen empfangen werden. Dieser Effekt ist in Abbildung 2.11 gezeigt.

Durch diese Eigenschaft ist es möglich, auch im Fernbereich von bis zu 200 m den Straßenverlauf mit einem bildgebenden Radar zu detektieren. Voraussetzung hierfür ist die Präsenz von erhabenen Objekten, die konstant den Straßenbereich einfassen. Begrenzen ausschließlich Leitpfosten die Straße, so ist keine eindeutige Verkehrsführung in den Daten ersichtlich.

2.1.3. Einsatz von Laserscannern

Erhabene Objekte können ebenfalls durch einen Laserscanner erfasst werden. Während ein Radarsensor nur eine geringe Auflösung bei einem weiten Sichtbereich hat, ermöglicht ein Laserscanner einen Sichtbereich von bis zu 100 m und eine hohe Auflösung. Sparber et al. [Spa01] haben einen Ansatz vorgestellt, in dem die Umgebung in verschiedenen Ebenen gescannt, erhabene Objekte detektiert und der Straßenverlauf anhand der Objekte bestimmt wurde.

Ein Vorteil des Laserscanners im Gegensatz zum Radar liegt in der Möglichkeit, auch die Straßenmarkierung zu detektieren, wie Dietmayer et al. [Die05] dies beschrieben haben. Da Straßenmarkierungen deutlich stärker den Laserstrahl reflektieren als die Asphaltfläche, kann die Markierung von der Fläche unterschieden und damit auch der Fahrstreifen erkannt werden. Zur parallelen Objekt- und Markierungsdetektion sind mehrere

Scanebenen erforderlich. In [Die05] werden vier Ebenen zur Objektdetektion und zwei zusätzliche Ebenen zur Fahrstreifendetektion eingesetzt.

2.1.4. Sensorfusionsansätze zur Straßenverlaufserkennung

Die Verwendung von jedem der drei verbreiteten Sensoren, Kamera, Radar und Laser, und von Kartenmaterial hat spezifische Vor- und Nachteile. Straßenmarkierungen sind am deutlichsten in einem Kamerabild zu erkennen, doch dort sind Entfernungsinformationen nicht direkt verfügbar und der Sichtbereich ist vergleichsweise gering. Der Sichtbereich von Laserscannern ist weiter und Entfernungsinformationen sind enthalten, aber die Markierungserkennung ist nur erschwert möglich. Die Sichtweite eines Radarsensors ist noch größer, allerdings ist die Auflösung nur gering und Markierungen sind nicht zu erkennen. Die Einbindung von Karteninformationen liefert einen größeren Umgebungsüberblick, allerdings bestehen Probleme bei der Positionierung auf der Karte und mit der teilweise mangelnden Korrektheit. Aufgrund der gegensätzlichen Eigenschaften ist eine Fusion der unterschiedlichen Sensoren und Daten vielversprechend. In einigen Ansätzen wurde eine Verknüpfung verschiedener Datenquellen realisiert und damit die Robustheit einer Straßenverlaufsschätzung erhöht.

Gern et al. stellten in [Ger00] einen Ansatz vor, um ein vorausfahrendes Fahrzeug, das durch einen Radarsensor detektiert wurde, in die Fahrstreifendetektion zu integrieren. Auf diese Weise konnte gerade bei schwierigen Bedingungen, wie Regenwetter, die Robustheit des Systems erhöht werden. Später wurden in [Ger01] ein Verfahren gezeigt, um unter Verwendung eines D-GPS-Sensors Straßenverlaufsinformationen aus einer Karte in die visuelle Fahrstreifenerkennung zu fusionieren. Die begrenzte Sichtweite des kamerabasierten Systems konnte so ausgeglichen werden.

Von Serfling et al. [Ser08] wurde eine Arbeit vorgestellt, um Karteninformationen, Radarsensordaten und ein Kamerabild zur Straßenverlaufserkennung zu verknüpfen. In dieser Kombination konnten die Unzuverlässigkeit der Karte, die geringe Auflösung des Radars und die kurze Sichtweite der Kamera im ganzheitlichen Ansatz kompensiert werden.

Auch Darms et al. [Dar10] kombinierten Radardaten mit Kamerainformationen. Allerdings werden in dem Kamerabild nicht die Fahrbahnmarkierungen, sondern erhabene Objekte mittels eines *„structure from motion"*-Ansatzes detektiert und in einer Gitterkarte integriert. Hierbei wird anhand des optischen Flusses eine dreidimensionale Interpretation der Szene aus Monokamerabildern berechnet. Die aus dem Bild bestimmten 3D-Informationen und die Daten des Radarsensors werden in einer Gitterkarte fusioniert, sodass beide Sensoren in die Straßenrandschätzung integriert werden.

In [Mei10] wird von Meis et al. ein Verfahren zur Straßenverlaufserkennung vorgestellt, das eine Fusion der Messungen unterschiedlicher Sensoren ermöglicht. Hierbei wird das verwendete Straßenmodell aufgeteilt in einen Nah- und einen Fernbereichsanteil. Im Nahbereich wird ein gebräuchliches, kamerabasiertes Verfahren zur Fahrstreifenerkennung eingesetzt, um die Position und Orientierung des Fahrzeugs in dem Fahrstreifen und die Fahrstreifenbreite zu erkennen. Aus diesen Parametern ergibt sich ein reduzierter Bildbereich, der zur Erkennung des Straßenverlaufs im Fernbereich verwendet wird. Aus dem Fernbereich werden die Parameter bestimmt, die den Krümmungsverlauf der Straße beschreiben. Während im Kamerabild sowohl die Fahrbahnmarkierung als auch Strukturen auf erhabenen Objekten den Straßenverlauf beschreiben, wird mit einem Radar lediglich die erhabene Struktur detektiert. Aufgrund dieser unterschiedlichen Umgebungsmerkmale, die einen unterschiedlichen Abstand zum Fahrstreifen haben können, wird nicht die Position der Merkmale, sondern die Steigung der Tangente dort als Messung in einem Kalman Filter verwendet. Auf diese Weise können Messungen aus unterschiedlichen fahrbahnparallelen Strukturen erfasst durch verschiedene Sensorik gleichermaßen in die Straßenverlaufserkennung einfließen.

2.2. Straßenmodelle

Die in der Literatur beschriebenen Straßenmodelle lassen sich generell in zwei Gruppen unterteilen. Üblich ist entweder eine Modellierung der Straße in der Welt, mit einer Projektion des Modells in den Messraum, oder eine Modellierung im Messraum, bei kamerabasierten Systemen im Bild.

Diese zwei Gruppen werden in den ersten beiden Abschnitten in diesem Kapitel beschrieben. Da das Straßenmodell, das im Rahmen dieser Arbeit entwickelt wurde, Splines zur erweiterten Modellierung einsetzt, wird im dritten Kapitel speziell auf Modelle eingegangen, die ebenfalls eine solche Funktion verwenden.

2.2.1. Lokale Straßenmodellierung im Fahrzeugkoordinatensystem

Das einfachste Modell, um ansatzweise eine Straße im Nahbereich zu beschreiben, ist ein lineares Modell, in dem die Straßenränder durch zwei parallele Geraden dargestellt werden. Nur der laterale Versatz des Fahrzeugs von der Straßenmitte oder der Fahrbahnmarkierungen wird hierbei beschrieben. Weiterführend wird auch die Orientierung des Fahrzeugs zur Straße einbezogen, sodass eine Repräsentation einer Schnellstraße im Nahbereich möglich ist. Dieser Ansatz wird vielfach in Verfahren eingesetzt, bei denen die Fahrbahnmarkierung durch eine Hough-Transformation detektiert werden soll.

Eine zusätzliche Erweiterung ist die Repräsentation der Straße anhand von parallelen Kreisbögen, um auf diese Weise die Krümmung einzubeziehen.

Die deutschen Straßenbaurichtlinien geben deutliche Vorgaben über die Form einer Straße, zumindest im Horizontalen. Je nach Straßentyp sind Richtlinien gesetzt, um die „sichere und funktionsgerechte Ausführung von Straßen" zu gewährleisten [FfdSuV84]. In den Richtlinien werden drei verschiedene mögliche Straßensegmente beschrieben: Gerade, Kreisbogen und Übergangsbogen. Der Übergangsbogen soll unter anderem einem Sicherheitsaspekt genügen, indem durch diesen eine allmähliche Krümmungsänderung erzielt wird. Dies wird durch die Verwendung von Klothoidensegmenten realisiert.

Als Klothoide wird eine Kurve mit einer linearen Krümmungsänderung bezeichnet. Segmente einer solchen werden verwendet, um einen glatten Krümmungsübergang zwischen Kreis- und Geradensegmenten zu gewährleisten.

Diese Modellierung dient als Grundlage des Klothoidenmodells von Dickmanns et al. [Dic86]. In diesem wird die Veränderlichkeit der Krümmung durch einen Klothoidenparameter berücksichtigt.

Die Krümmungsänderung der Klothoide über die Bogenlänge L wird anhand von Gleichung 2.1 beschrieben. Ausgehen von der Anfangskrümmung C_0 ändert sich die Krümmung linear mit dem Parameter C_1 [Dic92].

$$C(L) = C_0 + \frac{dC}{dL} \cdot L = C_0 + C_1 \cdot L \qquad (2.1)$$

Das Integral der Krümmung über die Bogenlänge L beschreibt die Fahrtrichtung χ [Dic86], die in [Ger05] auch Bahnazimut[1] genannt wird.

$$\chi(L) = \chi_0 + \int_0^L C(\tau)d\tau \qquad (2.2)$$

Mit Gleichung 2.1 ergibt sich damit

$$\Delta\chi(L) = \chi(L) - \chi_0 = C_0 \cdot L + \frac{1}{2}C_1 \cdot L^2 \qquad (2.3)$$

Die Integration des Bahnazimuts über L liefert schließlich die Gleichung für einen Punkt (X, Z) auf der Kurve in Abhängigkeit von L [Ger05]. Hier-

---

[1]„Unter dem Bahnazimut-Winkel χ wird der Winkel zwischen Navigationsgeschwindigkeit, d.h. dem Geschwindigkeitsvektor über Grund und einer vorgegebenen Bezugsrichtung verstanden." [Loh01]

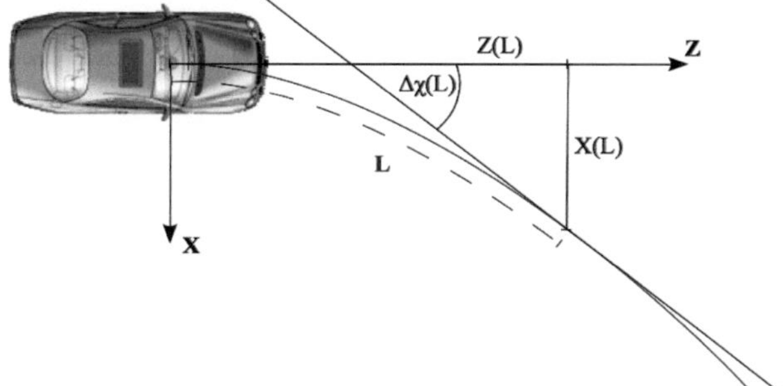

Abb. 2.12.: Koordinatensystem: Der longitudinale Abstand wird mit Z bezeichnet, der laterale Abstand mit X. Die Differenz zwischen der aktuellen Fahrzeugausrichtung χ_0 und der Ausrichtung in der Entfernung L über die Bogenlänge ist $\Delta\chi(L)$.

bei beschreibt Z die longitudinale Entfernung entlang der Fahrzeuglängsachse und X den lateralen Abstand, siehe Abbildung 2.12.

$$X(L) \quad = \quad \int_0^L \sin(\Delta\chi(\tau))d\tau = \int_0^L \sin(C_0 \cdot \tau + \frac{C_1 \cdot \tau^2}{2})d\tau \quad (2.4)$$

$$Z(L) \quad = \quad \int_0^L \cos(\Delta\chi(\tau))d\tau = \int_0^L \cos(C_0 \cdot \tau + \frac{C_1 \cdot \tau^2}{2})d\tau \quad (2.5)$$

Bei diesen Integralen handelt es sich um sogenannte Fresnel'sche Integrale, die nicht geschlossen lösbar sind. Eine Approximation der Lösung wird durch eine Taylorentwicklung erzielt. In dem verbreiteten Klothoidenmodell beschränkt man sich auf eine Entwicklung zweiter Ordnung, sodass sich für den lateralen Wert

$$X(L) \quad = \quad \frac{1}{2}C_0L^2 + \frac{1}{6}C_1L^3 \quad (2.6)$$

ergibt.

Da im Autobahnszenario in der Regel keine großen Kurvenradien auftreten, wird die Entfernung als die Bogenlänge approximiert.

$$Z(L) \quad = \quad L \tag{2.7}$$

Mit dem lateralen Versatz des Fahrzeugs zur Straßenmitte X_{offset} und dem Winkel des Fahrzeugs zur Tangente des Straßenverlaufs $\Delta\psi$ ergibt sich die als Klothoidenmodell bezeichnet Modellierung der Straße im Fahrzeugkoordinatensystem.

$$X(L) = -X_{\text{offset}} - \Delta\psi L + \frac{1}{2}C_0 L^2 + \frac{1}{6}C_1 L^3 \tag{2.8}$$

Der rechte und linke Straßenrand wird vereinfacht durch die Gleichungen 2.9 und 2.10 bestimmt.

$$X_r(L) \quad = \quad 0,5W - X_{\text{offset}} - \Delta\psi L + \frac{1}{2}C_0 L^2 + \frac{1}{6}C_1 L^3 \tag{2.9}$$

$$X_l(L) \quad = \quad -0,5W - X_{\text{offset}} - \Delta\psi L + \frac{1}{2}C_0 L^2 + \frac{1}{6}C_1 L^3 \tag{2.10}$$

Eine ideale Skizzierung der einzelnen Modellparameter ist in Abbildung 2.13 dargestellt.

Dieses planare Modell wurde in vielen Ansätzen zur Spurerkennung eingesetzt, um den Straßenverlauf im Fahrzeugkoordinatensystem zu beschreiben. Eine Auswahl ist durch [Ger00, Sou01, Spa01, Mei03] gegeben. In [Mei10] wurde das Modell aufgeteilt in ein Beschreibung im Nahbereich bis 35 m, mit X_{offset}, $\Delta\psi$ und der Fahrstreifenbreite, und einer Modellierung im Fernbereich, die mit C_0 und C_1 den Krümmungsverlauf der Straßen beschreibt.

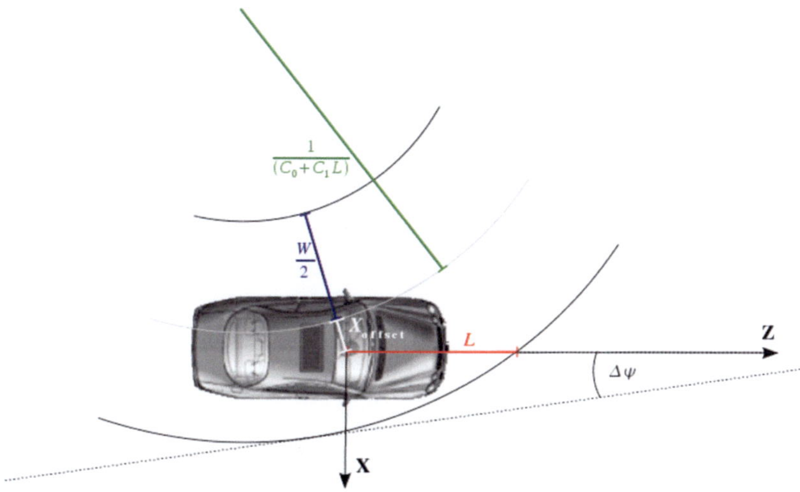

Abb. 2.13.: Klothoidenmodell: Der laterale Versatz X_{offset}, die Orientierung $\Delta\psi$ des Fahrzeugs zur Straße und die lokale Krümmung der Straße wird durch ein Polynom approximiert. Der Krümmungsverlauf wird durch die Krümmung C_0 und den Klothoidenparameter C_1 beschrieben.

Die Berücksichtigung eines dynamischen Fahrzeugmodells ermöglicht eine Beschreibung der Änderungen der Modellparameter über die Zeit in Abhängigkeit von der Fahrzeugbewegung.

$$\dot{X}_{\text{offset}} = \Delta\psi \cdot v - v_X \qquad (2.11)$$

$$\dot{\Delta\psi} = \dot{\psi}_{\text{Fzg}} - C_0 \cdot v \qquad (2.12)$$

$$\dot{C}_0 = C_1 \cdot v \qquad (2.13)$$

$$\dot{C}_1 = 0 \qquad (2.14)$$

Der laterale Abstand des Fahrzeugs zur Straßenmitte X_{offset} ändert sich nur über den Differenzgierwinkel $\Delta\psi$ und über eine laterale Geschwindigkeit v_X. Die Änderung des Gierwinkels erfolgt über die Differenz von der Gierrate des Fahrzeugs $\dot{\psi}_{\text{Fzg}}$ und dem Produkt von Krümmung C_0 und Geschwindigkeit v. Die Änderung der Krümmung C_0 wird mit dem Klothoidenparameter C_1 beschrieben, über dessen Änderung kein Wissen vorliegt, sodass dieser als sich nur wenig ändernd angenommen wird.

Eine Erweiterung des Modells erfolgte zunächst durch Mysliwetz [Mys90], der die Anzahl der Messungen erhöhte, um neben dem horizontalen Fahrstreifenverlauf, auch die vertikale Straßenkrümmung in begrenztem Maß zu detektieren. Die Modellierung erfolgte neben dem Nickwinkel α ebenfalls anhand der Approximation einer Klothoide mit dem vertikalen Krümmungsparameter $C_{0,v}$ und dem vertikalen Klothoidenparameter $C_{1,v}$. Der Index v steht hier für die vertikale Komponente.

$$Y(L) = L\alpha + \frac{1}{2}C_{0,v}L^2 + \frac{1}{6}C_{1,v}L^3 \qquad (2.15)$$

Diese Modellierung wurde auch in späteren Arbeiten [Dic92, Beh97, Gol99, Dan08, Ben08] eingesetzt und in [Ned04] um den Rollwinkel zu Gleichung 2.16 erweitert.

$$Y(L) = L\alpha + \frac{1}{2}C_{0,v}L^2 + \frac{1}{6}C_{1,v}L^3 + \theta X \qquad (2.16)$$

In der Weiterentwicklung der Arbeiten, gerade im Projekt PROMETHEUS, wurde es erforderlich, den Sichtbereich zu vergrößern, was durch ein Systemkonzept mit einem bifokalen Kameraaufbau erzielt wurde. Eine Weitwinkelkamera für den Nahbereich und zusätzlich eine Telekamera für den Fernbereich führten zu einer Steigerung des Sichtbereichs der Markierungserkennung. Doch auch die Modellierung musste an diese Erweiterung angepasst werden. Das bis dahin verwendete Modell gewährleistete eine ausreichend präzise Modellierung ausschließlich im Nahbereich. Deshalb unterteilte Behringer [Beh97] die verwendete Kurve in mehreren Klothoidensegmente mit einem „*Generalized Likelihood Ratio*"(GLR)-Ansatz und schätzte aus den Kamerabildern ohne 3D-Informationen nur anhand der Kanten den dreidimensionalen Straßenverlauf. Er räumte ein, dass sich die

Breite des Fahrstreifens und der vertikale Verlauf der Straße gleichermaßen im Kamerabild abbilden, und dass diese Mehrdeutigkeit erst im Nahbereich gelöst werden kann [Beh94].

Behringer bestimmt die Übergangspunkte zwischen den einzelnen Klothoidensegmenten mit dem GLR-Ansatz. Allerdings trat in der Regel bei einer Vorausschau von bis zu 100 m auf Autobahnen nur ein solcher Übergangspunkt auf. Diese Art der Berechnung der Punkte ist umstritten. Khosla [Kho02] bezeichnet die Bestimmung als schwierig und rauschsensitiv, sodass er ein vereinfachtes Modell, bestehend aus zwei Klothoidensegmenten, nahelegte. Hierbei wird der Übergangspunkt bei der Hälfte des gesamten Sichtbereichs fest gesetzt.

Cramer et al. [Cra04] bezeichneten die Bestimmung des Übergangspunktes ebenfalls als schwierig. In dem dort vorgestellten Ansatz wurde eine Fusion von Bildmessungen mit Kartendaten realisiert. Die Kartendaten wurden hierbei in eine Liste von Kreisabschnitten konvertiert, die in die Straßenverlaufsschätzung einbezogen wurden. Die Segmentierung des Straßenverlaufs ist hierbei durch das Kartenmaterial vorgegeben. Jeder Abschnitt wird repräsentiert durch Krümmung und Länge, die sich dynamisch nicht ändern. Durch die Bewegung des Fahrzeugs verschieben sich die Segmente, sodass Abschnitte aus der Karte in den Sichtbereich kommen und diesen hinter dem Fahrzeug wieder verlassen.

2.2.2. Modellbeschreibung im Kamerakoordinatensystem

Auch in den Arbeiten von Kluge [Klu94] und darauf aufbauend Chen et al. [Che06], Bai et al. [Bai07] und Wang et al. [Wan08] wird eine polynomiale Modellierung verwendet. Eine Parabel in Weltkoordinaten wird verwendet, um einen Kreisbogen zu approximieren. Hierbei wird eine planare Straße angenommen. Diese Ansätze unterscheiden sich von den bisher vorgestellten Arbeiten dadurch, dass das Modell die projizierte Kurve im Bild beschreibt. Die Kamerakalibrier- und Straßenparameter werden zusammengefasst und bilden den zu schätzenden Zustandsvektor. Hierdurch ist eine Projektion von der Welt ins Bild und damit die Kenntnis über die Kamerakalibrierung nicht notwendig. Chen et al. [Che06] beschreiben die projizierte Kurve als Hyperbelpaar. Der zu detektierende Horizont stellt eine der beiden Asymptoten der Hyperbeln dar. Wang et al. [Wan08] führen in das Hyperbelmodell einen zusätzlichen Term dritten Grades ein und erweitern damit die eingeschränkte Repräsentation durch eine Parabel.

2.2.3. Splinebasierte Modelle

Behringer führte in [Beh97] eine Segmentierung der Kurve in Klothoidensegmente ein. An den Übergangspunkten wird Stetigkeit und Differenzierbarkeit vorausgesetzt.

Eine andere mögliche Beschreibung einer Kurve, die aus Polynomsegmenten zusammengesetzt ist, stellt eine Splinekurve dar. Eine solche Kurve mit der Ordnung d besteht abschnittsweise aus Polynomen vom Grad $d-1$. Außerdem ist die Kurve $(d-1)$-mal stetig differenzierbar. Eine grundlegende Einführung in Splines ist in Kapitel 3.6 zu finden, in dem B-Splines beschrieben werden.

Wang et al. [Wan98] verwendeten einen Catmull-Rom Spline zur Straßenmodellierung in der Bildebene. Bei diesem interpolierenden Spline ist vorgegeben, dass die Tangente im Kontrollpunkt P_i parallel zu der Verbindung der Punkte P_{i-1} und P_{i+1} ist.

In späteren Arbeiten von Wang et al. [Wan04] wird der Catmull-Rom Spline durch eine auf B-Spline basierende B-Snake, auch *„Active Contours"* genannt, ersetzt. Eine *„Snake"* ist ein energieminimierender Spline. Er wird durch äußere Bedingungen beeinflusst und durch Kräfte, die im Bild definiert werden, in Richtung von Linien und Kanten bewegt. Wie in [Kas88] beschrieben, gilt es einen Energieterm, der sich aus verschiedenen Kantenmerkmalen zusammensetzt, zu minimieren, sodass durch die Splinekurve ein Objekt möglichst genau segmentiert wird. Initialisiert mit einer groben Abgrenzung passt sich die Kurve iterativ der zu segmentierenden Kontur an. Diese Initialisierung erfolgt zunächst durch einen Ansatz, der mittels Kanten und einer Hough-Transformation die Linien des Straßenrandes abschnittsweise bestimmt. Aus diesen wird dann der Horizont und die für verschiedene Kurvenabschnitte unterschiedlichen Fluchtpunkte bestimmt. Daraus werden dann die initialen Kontrollpunkte des Splines festgelegt, die die Mittellinie der Straße beschreiben. Eine Präzisierung der Punkte erfolgt über die Energieminimierung. In den darauf folgenden Zeitschritten dient die Position der Kontrollpunkte aus dem vorherigen Zeitpunkt als annähernde Schätzung, die dann durch die Energieminimierung optimiert wird. Ein dynamisches Modell des Fahrzeugs wird nicht unterlegt, jedoch könnte durch den verbesserten Ausgangspunkt der Optimierung die Robustheit des Ansatzes erhöht werden. Die Berechnung von „Active Contours" ist durch die iterative Energieminimierung sehr rechenaufwändig, sodass das Verfahren mit einer Bildrate von 2 Hz nicht im Bereich von Echtzeitfähigkeit liegt. Bei dieser Rechenzeit ist das vorherige Ergebnis nur bedingt ein guter Ausgangspunkt für die Straßenverlaufsbestimmung zum aktuellen Zeitpunkt.

Yagi et al. [Yag00] stellten ebenfalls einen Straßenerkennung vor, die auf „Active Contours" basiert. Hierbei wird monokular, unter der Annahme von parallelen Straßenrändern und einer konstanten Straßenbreite, der dreidimensionale Straßenverlauf bestimmt. Die Initialisierung erfolgt zunächst durch einen „region growing"-Ansatz. Auch hier wird das Ergebnis des vorherigen Zeitpunktes im aktuellen als Ausgangspunkt verwendet.

Eine weitere Arbeit, in der Splines zur Straßenmodellierung eingesetzt werden, wurde von Cech [Cec08] vorgestellt. Hierbei werden zwei Splinekurven flexibler Ordnung verwendet, um den linken und den rechten Straßenrand einer innerstädtischen Szene im Bild zu beschreiben. In der Arbeit wird eine optimale Segmentierung von Berandungselementen umgesetzt, um so eine Modellierung des Straßenrandes durch eine minimale Anzahl von kubischen Polynomen zu gewährleisten. Ein Ergebnis dieser Arbeit ist

Abb. 2.14.: Schätzergebnis mit einem Splinemodell in der Bildebene: Farbig unterschieden werden die unterschiedlichen Splinesegmente, die zur Repräsentation des jeweiligen Straßenrandes notwendig sind.
Bildquelle: [Cec08].

in Abbildung 2.14 dargestellt. Farbig kodiert sind die verschiedenen Abschnitte der Splinekurven. Während der linke Rand mit einem kubischen Polynom hinreichend approximiert werden kann, sind für den rechten Rand fünf Segmente notwendig.

In keinem der vorgestellten Ansätze berücksichtigt das zugrunde liegende Modell eine mögliche Verdrehung der Straße um die Längsachse Z.

2.3. Zeitliche Filterung

Aufgrund der Fahrzeugbewegung ist ein System zur Straßenverlaufserkennung in der Regel ein dynamisches. Ist die Geschwindigkeit und Gierrate des Fahrzeugs bekannt, entweder aus entsprechender Sensorik oder aus einer Eigenbewegungsschätzung [Bad08], so kann anhand eines dynamischen Fahrzeugmodells eine Prädiktion des Zustandsvektors von einem Zeitschritt zum nächsten erfolgen.

In den bisher vorgestellten Systemen zur Detektion des Straßenverlaufs beziehungsweise des Fahrstreifens wird die Fahrzeugdynamik in unterschiedlichen Arten gehandhabt. Teilweise wird diese gar nicht berücksichtigt, indem ausschließlich Einzelbilder verarbeitet werden oder das Ergebnis des vorherigen Zeitschritts als Initialisierung zur Detektion im aktuellen Zeitschritt verwendet wird.

Zur Fahrzeugregelung anhand des detektierten Straßenverlaufs ist eine zeitliche Filterung notwendig, um sprunghafte Änderungen der Regelparameter zu verhindern.

Hierzu können verschiedene rekursive Filter eingesetzt werden, um den geschätzten Straßenverlauf zeitlich zu prädizieren und durch neue Messungen im aktuellen Zeitschritt zu korrigieren.

Die eingeführten Ansätze zur Straßenverlaufserkennung, die eine zeitliche Filterung der Zustandsvektor realisieren, lassen sich in zwei Gruppen einteilen. Ein großer Teil setzt ein erweitertes Kalman Filter, das in Abschnitt 3.7.2 näher beschrieben wird, zur zeitlichen Filterung ein. In den vergangenen Jahren wurde für komplexe Straßenszenarien auch häufiger ein Partikelfilteransatz verwendet. Seltener ist das *„Interacting Multi Model"*-Filter und das Kalman Partikelfilter.

- Ein **erweitertes Kalman Filter (EKF)** wurde erstmalig in [Dic86] zur Verwendung in einem fahrstreifenerkennenden System vorgestellt. Hierbei wird ein Zustandsvektor, durch den der Straßenverlauf und die Positionierung des Fahrzeugs auf der Straße beschrieben wird, anhand von Messungen der Fahrbahnmarkierung bestimmt. In einem Prädiktionsschritt wird der Zustandsvektor anhand eines dynamischen Modells zeitlich angepasst. In dem Korrekturschritt wird aus dem prädizierten Zustandsvektor und der gewichteten Differenz aus den tatsächlichen und den erwarteten Messungen ein verbesserter Systemzustand bestimmt. Eine präzise Beschreibung ist in Abschnitt 3.7.2 dargelegt. Ein solches Filter wurde in verschiedenen Arbeiten, wie zum Beispiel in [Beh95, Kho02, Mei03, McC04, Dar10], eingesetzt und auch die gängigen *„Lane Departure Warning"*- und *„Lane Keeping"*-Systeme bauen auf ein solches Filter auf.

- Eine der ersten Arbeiten, bei der ein **Partikelfilter** zur Fahrstreifenverfolgung eingesetzt wurde, war die von Southall et al. [Sou01]. Hierbei wird der Straßenverlauf aus einer Menge von Hypothesen, die durch unterschiedliche Merkmale validiert werden, geschätzt. Diese Hypothesen, x_k^i, $i = 0, ..., N$, approximieren in Verbindung mit einer Gewichtung, ω_k^i, $i = 0, ..., N$, die *a posteriori* Wahrscheinlichkeitsdichte zum Zeitpunkt k, abhängig von den Messungen $z_{1:k}$.

$$p(x_k|z_{1:k}) \approx \sum_{i=0}^{N} \omega_k^i \delta(x_k - x_k^i) \tag{2.17}$$

Die Gewichtung stellt die Wahrscheinlichkeit dar, mit der eine Hypothese den tatsächlichen Straßenverlauf beschreibt. In einem Selektionsschritt werden unwahrscheinliche Hypothesen verworfen, sehr wahrscheinliche mehrfach kopiert, um so im relevanten Bereich des Parameterraums die Abtastdichte zu erhöhen. Zur Vermeidung einer Konzentration der Partikel in einem Punkt, die sogenannte Degeneration, werden die Partikel mit einem Gauß'schen Rauschen einer zu bestimmenden Varianz gestreut. Im Gegensatz zum Kalman Filter hat ein Partikelfilter zwei Vorteile:

- Ungenauigkeiten in der Modellierung können durch höhere Varianzen ausgeglichen werden, um somit eine Verfolgung der Objekte, in diesem Fall des Straßenverlaufs, zu gewährleisten.

- Durch die Bestimmung von Gewichten anhand von Merkmalen ist es möglich, auch weniger eindeutige Merkmale in die Schätzung zu integrieren. Während Markierungen den Fahrstreifen eindeutig beschreiben, ist bei unmarkierten Straßen die Detektion des Straßenrandes meist schwieriger, aber durch eine Wahrscheinlichkeit beschreibbar.

Inspiriert durch diesen Ansatz wurden seither weitere Arbeiten [Apo03, Smu06, Fra07, Wan08, Dan08] vorgestellt, die eine Vielzahl von Straßenmerkmalen aus Bild und Radar und auch Karteninformationen zur Validierung des Hypothesen heranziehen.

- Wird davon ausgegangen, dass ein Kalman Filter mit geringem Rauschen für Standardsituationen ausreichend ist, aber in Ausnahmesituationen, z. B. Manövern, ein Tracking nicht möglich wäre, so bietet sich ein *„Interacting Multiple Model"*(IMM)-Filter an. Dieser Multimodellansatz, der auch von Gern [Ger05] und Meuter et al. [Meu09] zum Fahrstreifentracking eingesetzt wurde, erlaubt es, mehrere Modelle parallel unter Verwendung eines Kalman Filters zu verfolgen und, abhängig von den Wahrscheinlichkeiten der Modelle, eine Interaktion zwischen diesen zu realisieren. Bei der Interaktion erfolgt ein Austausch zwischen den Filtern abhängig von den Modell- und den Übergangswahrscheinlichkeiten, wobei die Übergangswahrscheinlichkeiten zeitlich konstant sind. Die Bestimmung des resultierenden Zustandsvektors und der Fehlerkovarianzmatrix erfolgt durch die Kombination der einzelnen Modelle unter Berücksichtigung der Modellwahrscheinlichkeiten. Die Modellwahrscheinlichkeiten werden im Korrekturschritt des Kalman Filters ebenfalls anhand der gewichteten Differenz aus den tatsächlichen und den erwarteten Messungen angepasst.

- Der **Kalman Partikelfilter**, beschrieben von van der Merve et al. [van00], bietet die Möglichkeit einer Verbindung zwischen einem Kalman Filter und einem Partikelfilter. Hierbei wird ein Partikelfilter verwendet, um eine Anzahl von Kalman Filtern zu verwalten. Die Varianzen zur Streuung der Hypothesen im Zustandsraum werden anhand der Schätzfehlerkovarianzmatrizen gewählt. Eine Auswahl an weiterzuverfolgenden Hypothesen erfolgt anhand der Gewichte im Partikelfilter. Der Prädiktionsschritt des Partikelfilters wird durch den entsprechenden Schritt im Kalman Filter ersetzt, sodass eine gewichtete Verknüpfung zwischen dem prädizierten und dem gemessenen Zustand erfolgt. Zur Straßenverlaufserkennung wurde dieses Filter in [Loo09] eingesetzt. Hierbei werden Informationen aus Radar- und Bilddaten fusioniert, indem eine Bewertung verschiedener Hypothesen, wie bei einem Partikelfilteransatz, anhand von unterschiedlichen Merkmalen erfolgt. Gleichzeitig wird die zeitliche Verknüpfung der Parameter wie bei einem Kalman Filter berücksichtigt.

3. Theoretische Grundlagen und verwendete Verfahren

Das entwickelte System zur visuellen dreidimensionalen Straßenverlaufserkennung setzt verschiedene Verfahren ein, die in diesem Kapitel, zusammen mit ihren theoretischen Grundlagen, erläutert werden.

Zunächst wird zur Einführung der Bezeichnungen die Transformation von Bild- in Kamerakoordinaten beschrieben, dann erfolgt eine Vorstellung des verwendeten Stereoverfahrens, wobei die Theorie der Stereoberechnung vorausgesetzt wird. Diese Stereoergebnisse werden in einer Nickwinkelberechnung, Abschnitt 3.3, und einer Freiraumanalyse, Abschnitt 3.4, verwendet, die der eigentlichen Straßenverlaufserkennung vorgestellt sind. Außerdem wird in Abschnitt 3.5 das verwendete Verfahren zu Detektion von Straßenmarkierungen erläutert. Das entwickelte Modell basiert auf B-Splinefunktionen, deren theoretische Grundlagen in Abschnitt 3.6 eingeführt werden. Zur zeitlichen Filterung des Straßenmodells wird ein erweitertes Kalman Filter eingesetzt, das in Abschnitt 3.7.1 beschrieben wird. Durch den Einsatz eines M-Estimators, dessen Funktionsweise Abschnitt 3.8 darlegt, wird die Robustheit des Verfahrens zur Straßenverlaufsbestimmung gegenüber Ausreißern erhöht.

3.1. Bild- und Kamerakoordinatensystem

Die Grundlage für jedes Verfahren, das auf Stereomessungen aufsetzt, ist die Kenntnis über die Kameraparameter. Im Folgenden wird vorausgesetzt, dass die Kameras kalibriert und die Bilder rektifiziert sind.

Die intrinsischen Parameter der Kamera bestehen aus der fokalen Länge f, der horizontalen und vertikalen Pixelskalierung s_u, s_v und den Koordinaten des Bildhauptpunktes u_0, v_0. Sie werden bei einer grundlegenden Kalibrierung bestimmt und sind zeitlich stabil. Die fokale Länge in Pixelbreite und -höhe wird durch $f_u = \frac{f}{s_u}$ und $f_v = \frac{f}{s_v}$ beschrieben.

Die Projektion eines Punktes $(x, y, z)^T$ aus dem Kamerakoordinatensystem in die Bildebene (u, v) ist gegeben durch

$$u = u_0 + f_u \frac{x}{z} \tag{3.1}$$

$$v = v_0 - f_v \frac{y}{z} \tag{3.2}$$

Die extrinsische Parameter bestehen aus der Orientierung und Position des Kamerasystems. Die relative Ausrichtung der beiden Kameras zueinander wird durch die Kalibrierung bestimmt. Die Basisbreite B beschreibt den Abstand der beiden Kameras. Die Orientierung und Position des Kamerasystems zur Welt wird beim Einbau der Kameras in das Fahrzeug bestimmt.

Da ausschließlich rektifizierte Bilder verwendet werden, liegen die korrespondierenden Bildpunkte in einer Bildzeile, sodass sich die Disparität aus dem linken und rechten Bildpunkt mit $d = u_l - u_r$ ergibt und $v_l = v_r$ gilt. Aus der Disparität und der Basisbreite lässt sich mit

$$z = \frac{B}{d} f_u \tag{3.3}$$

die Entfernung eines Punktes bestimmen. In Zusammenhang mit Gleichung 3.1 und Gleichung 3.2 wird die laterale Position und die Höhe mit den Bildkoordinaten (u_l, v_l) aus dem linken Kamerabild bestimmt.

Für einen Punkt $(x, y, z)^T$ im Kamerakoordiantensystem ergibt gilt mit $u' = u_l - u_0$ und $v' = v_0 - v_l$

$$\begin{pmatrix} x \\ y \\ z \end{pmatrix} = \frac{B}{d} \begin{pmatrix} u' \\ v'\frac{s_v}{s_u} \\ f_u \end{pmatrix} \tag{3.4}$$

Die Transformation des Punktes im Kamerakoordinatensystem $(x, y, z)^T$ in die Welt $(X, Y, Z)^T$ erfolgt durch die Rotations- und Translationsparameter, die durch die extrinsischen Kameraparameter beschrieben werden.

3.2. Stereoverfahren - Semi-Global Matching

Zur Berechung des Disparitätsbildes anhand eines Bildpaares wird ein Stereo-verfahren eingesetzt, das für nahezu jeden Bildpunkt einen Disparitätswert bestimmt. Das „*Semi-Global Matching*"(SGM)-Verfahren, beschrieben durch Hirschmüller [Hir05], kombiniert eine lokale pixelweise Kostenberechnung mit einer globalen Kostenminimierung. In dem lokalen Ansatz wird für jeden Bildpunkt eine Kostenfunktion $C(p, d)$ abhängig vom Pixel $p = [u_l, v_l]^T$ und einer vermuteten Disparität d aufgestellt. Bei rektifizierten Bildern ergibt sich aus diesen Werten der korrespondierende Punkt $q = [u_l - d, v_l]^T = [u_r, v_r]^T$. In [Hir05] verwendet Hirschmüller als Kostenfunktion entweder die absolute minimale Intensitätsdifferenz der Bildpunkte oder „*Mutual Information*" [Vio97], die unabhängig von Belichtungsänderungen ist. Eine Evaluation unterschiedlicher Kostenfunktionen wird in [Hir09] vorgestellt. Das beste Resultat wird erzielt, indem das Bild zunächst mit einem Census Filter [Zab94] transformiert wird und als Kostenfunktion die Hemming-Distanz zwischen den korrespondierenden Bitstrings verwendet wird. Hierbei wird nicht nur die Intensität eines einzelnen Pixels, sondern die räumliche Nachbarschaft in einer Umgebung um diesen Bildpunkt betrachtet.

Die pixelweise Bestimmung der Kosten ist nicht eindeutig und sehr anfällig für Rauschen. Um die Robustheit zu erhöhen, werden die Nachbarschaften der einzelnen Pixel in eine globale Energieberechnung einbezogen. Hierbei wird die Energie $E(D)$ abhängig von dem angenommenen Disparitätsbild D bestimmt.

$$E(D) = \sum_p C(p, D_p) + \sum_{p' \in N_p} g(|D_p - D_{p'}|) \tag{3.5}$$

Zu den Kosten, die sich an den einzelnen Bildpunkten durch die Kostenfunktion $C(p, D_p)$ ergeben, wird ein Glattheitsterm addiert. In der Nachbarschaft N_p um den Punkt p wird die Abweichung der Disparitätswerte von D_p, dem Disparitätswert am Punkt p, bestraft.

Der Wert, mit dem die Energie abhängt von der Differenz $\Delta d = |D_p - D_{p'}|$, wird über die Funktion $g(\Delta d)$ aus Gleichung 3.6 bestimmt.

$$g(\Delta d) = \begin{cases} 0 & \Delta d < 1 \\ P_1 & \Delta d = 1 \\ P_2 & \Delta d > 1 \end{cases} \tag{3.6}$$

Ist der Disparitätswert gleich, so wird die Energie nicht beeinflusst, für eine Abweichung unter einem Pixel steigt die Energie um P_1, über einem Pixel um P_2 an. Hierbei gilt $P_1 \leq P_2$.

Die Minimierung dieser Energie führt zu dem angestrebten Disparitätsbild. Allerdings ist die notwendige 2D-Optimierung nicht effizient berechenbar, sodass stattdessen das Problem in 1D-Optimierungen unterteilt wird.

Die Kostenminimierung wird entlang von Linien in bis zu 16 unterschiedlichen Richtungen berechnet. Das resultierende Kostenmaß $S(p, d)$ setzt sich aus der Summe der Kosten aller Richtungen zusammen, bei denen die Kostenminimierung zur Disparität d geführt haben. Die Disparität d für einen Bildpunkt p resultiert aus den minimalen Kosten $\min_d S(p, d)$.

Abb. 3.1.: Ergebnis des SGMs: Oben zu sehen ist das berechnete Disparitätsbild. Unter Verwendung der Disparität lässt sich zu einem Bildpunkt die Position in der Welt berechnen. Die dreidimensionale Szene aus einem veränderten Blickwinkel ist im unteren Bild dargestellt.

In Abbildung 3.1 ist ein aus diesem Verfahren resultierendes Disparitätsbild und eine damit entstandene dreidimensionale Visualisierung der einzelnen Bildpunkte im Kamerakoordinatensystem dargestellt.

Neben der Dichte des Disparitätsbildes war auch bei der Wahl des Stereoverfahrens die Echtzeitberechnung von entscheidender Bedeutung. In [Ern08] stellen Ernst und Hirschmüller eine GPU-Implementierung des SGM-Algorithmus mit einer Verarbeitungsleistung von 4,2 Bilder pro Sekunde vor. Die Implementierung des Algorithmus auf einem „*Field Pro-*

grammable Gate Array" (FPGA), die in [Geh09] von Gehrig et al. beschrieben wird, ermöglicht eine Berechnung in Echtzeit. Eine solche FPGA-Implementierung mit entsprechender Hardware stand zur Berechnung des Disparitätsbildes zur Verfügung. Inzwischen wurde in [Geh10] von Gehrig und Rabe eine echtzeitfähige CPU-Implementierung vorgestellt, die eine SGM-Berechnung mit über 14 Hz auf Stereobildpaaren mit einer Auflösung von 640×320 gewährleistet.

Eine Evaluation des SGM-Verfahrens im Vergleich zu anderen Stereoalgorithmen, speziell für die fahrzeugorientierte Umgebungserfassung, ist in [Ste09] dargelegt.

3.3. Nickwinkelschätzung

Da die Nickrate sehr hochfrequent sein kann, wird diese Fahrzeugbewegung aus dem System separiert und so die Robustheit des Gesamtsystems erhöht. Hierzu wird der Nickwinkel im Einzelbild mittels eines Histogrammansatzes über die Stereomessungen im Nahbereich berechnet.

Labayrade et al. setzten in [Lab02] ein sogenanntes *„v-disparity"*-Bild ein, in dem pro Bildzeile *v* ein Histogramm über die Disparität abgebildet wird. Sie verwenden diese Abbildung, um den vertikalen Straßenverlauf in einem semi-globalen Verfahren zu bestimmen.

Durch die Akkumulation der Disparitätswerte entlang jeder Bildzeile wird ein sogenanntes *„v-disparity"*-Bild bestimmt, in dem pro Bildzeile und Disparitätswert die Anzahl der Bildpunkte mit dem jeweilgen Disparitätswert aufgetragen wird.

Bei dem im Rahmen dieser Arbeit entwickelte System wird eine Nickwinkelbestimmung eingesetzt, die nicht direkt auf das *„v-disparity"*-Bild, aber ebenfalls auf einen Histogrammansatz im *„v-disparity"*-Raum basiert. Hierbei wird aus den Stereomessungen im Nahbereich vor dem Fahrzeug der Neigungswinkel einer Ebene um die Fahrzeugquerachse bestimmt.

Im Fahrzeugkoordinatensystem wird eine Ebene unter Vernachlässigung einer möglichen Querneigung beschrieben durch

$$Y(Z) = \tan(\alpha)Z - H \tag{3.7}$$

Hierbei bezeichnet H die Kamerahöhe und α den gesuchten Neigungswinkel der Ebene in Längsrichtung.

Mit den Gleichungen 3.2 und 3.3 lässt sich Gleichung 3.7 in den „v-disparity"-Raum transformieren.

$$v = v_0 - f_v \tan(\alpha) + \frac{f_v H}{B f_u} d \tag{3.8}$$

Die Kamerahöhe H wird als fest angenommen und α bestimmt durch

$$\tan(\alpha) = \frac{1}{f_v}\left(\frac{f_v H}{B f_u} d + v_0 - v\right) \tag{3.9}$$

Aus den Messungen $z = (v, d)$ wird durch die Gleichung 3.9 für $\tan(\alpha)$ ein Histogramm aufgestellt, dessen Maximum den wahrscheinlichsten Wert für $\tan(\alpha)$ darstellt.

3.4. Freiraumberechnung

Bei der Straßenverlaufserkennung werden Messungen der Straßenoberfläche und des detektierten Randes verwendet. Um hierbei Falschmessungen auf erhabenen Objekten wie vorausfahrende und entgegenkommende Fahrzeuge und Randbebauung zu vermeiden, wird die in [Bad07] vorgestellte Freiraumberechnung der Modellschätzung vorgeschaltet. Anhand von Stereomessungen wird die Begrenzung des befahrbaren Bereichs durch erhabene Objekte bestimmt. Hierbei wird zunächst ein „Stochastic Occupancy Grid" anhand der Stereomessungen unter Berücksichtigung der

Unsicherheiten aufgebaut und daraus, unter Verwendung von dynamischer Programmierung, der Freiraum berechnet.

Ein „*Occupancy Grid*" D besteht aus einer Anzahl von Zellen mit einer lateralen und einer longitudinalen Koordinate, i und j. Der Wert einer Zelle $D(i, j)$ stellt die Likelihood mit der diese Zelle belegt ist dar.

Hierbei sei $L_{ij}(z_k)$ die Belegungslikelihood für eine Zelle (i, j) resultierend aus einer Messung $z_k = (u, v, d)^T$. Aus m verschiedenen Messungen für eine Zelle wird $D(i, j)$ bestimmt durch die Summe der einzelnen Likelihoods.

$$D(i, j) = \sum_{k=1}^{m} L_{ij}(z_k) \tag{3.10}$$

Mit der Annahme einer ebenen Welt werden die Stereomessungen orthogonal auf eine planare Fläche projiziert und unter Verwendung einer multivariaten Gauß'schen Wahrscheinlichkeitsdichtefunktion $G_{\bar{z}_k}$, mit $\bar{z}_k$ als tatsächlichem aber unbekanntem Wert einer verrauschten Messung z_k, in das „*Occupancy Grid*" eingetragen.

Mit dem Fehler $\xi_k = z_k - \bar{z}_k$ und der Kovarianzmatrix der tatsächlichen Messung $\bar{\Gamma}_k$ ist $G_{\bar{z}_k}(\xi_k)$ definiert als

$$G_{\bar{z}_k}(\xi_k) = \frac{1}{(2\pi)^{\frac{3}{2}} |\bar{\Gamma}_k| \exp\left(-\frac{1}{2} \xi_k^T \bar{\Gamma}_k^{-1} \xi_k\right)}. \tag{3.11}$$

Ein solches resultierendes Gitter ist in Abbildung 3.2 zu sehen. Hierbei ist die Farbintensität der gelben Bereiche relativ zur Belegungswahrscheinlichkeit. Die blaue Fläche visualisiert einen Bereich, für den anhand der Flächennormale eine hohe Wahrscheinlichkeit für Straßenoberfläche bestimmt wurde.

Durch eine zeitliche Integration, unter Berücksichtigung der Eigenbewegung des Fahrzeugs, wird die Rauschempfindlichkeit reduziert. Außerdem werden so Informationen statischer Objekte in den nahen Randbe-

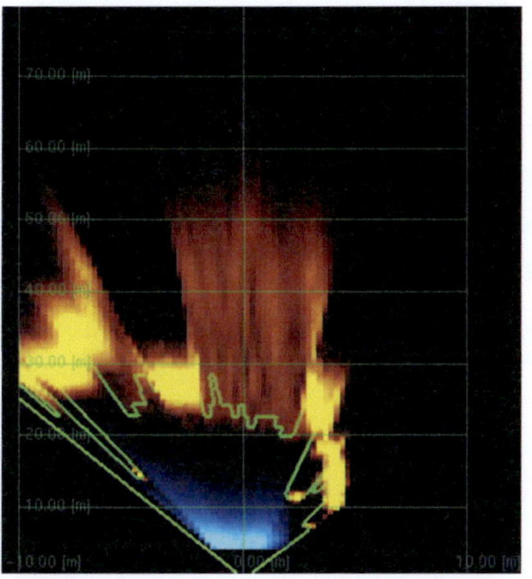

Abb. 3.2.: Ergebnis der Freiraumberechnung mit der Annahme einer planaren Straße: Die grüne Linie zeigt die Grenze des detektierten Freiraums an. Im oberen Bild ist der berechnete Freiraum im zeitlich integrierten „*Occupancy Grid*" im kartesischen Koordinatensystem dargestellt. Unten wurde der Freiraum in das Kamerabild zurückprojiziert.

reich prädiziert, der außerhalb des Überlappungsbereichs der Kamerasichtbereiche liegt.

In der Freiraumberechnung wird das „*Occupancy Grid*" in Polarkoordinaten aufgesetzt. Es erfolgt eine Diskretisierung über u, der Bildspalte, und z, der Entfernung im Fahrzeugkoordinatensystem. Eine Zelle (i,j) entspricht somit der Koordinate (u_{ij}, z_{ij}).

Die Belegungslikelihood L_{ij} für die Zelle (i,j), resultierend aus der Messung z_k, wird in diesem Koordinatensystem beschrieben durch

$$L_{ij}(z_k) = G_{z_k}((u_{ij} - u, 0, d'_{ij} - d)^T) \qquad (3.12)$$

mit $d'_{ij} = \frac{Bf_u}{z_{ij}}$, die Disparität entsprechend der Entfernung der Zelle z_{ij}.

Das Gitter wird in einen Graphen $G(V,E)$, bestehend aus Knoten V und Kanten E, überführt, sodass jedem Gitterpunkt ein Knoten zugeordnet ist. Die Nachbarschaften der einzelnen Punkte werden durch die Kanten des Graphen dargestellt, bei dem jeder Knoten einer Spalte mit jedem Knoten der folgenden Spalte verbunden ist. Durch eine dynamische Programmierung wird der optimale Pfad gefunden, der den Graphen in einen oberen und einen unteren Teil trennt. Die Kosten $c_{ij,kl}$ für eine einzelne Kante, die Verbindung der Knoten V_{ij} und V_{kl}, setzten sich zusammen aus einem Datenterm $E_d(i,j)$ und einem Glattheitsterm $E_s(i,j,k,l)$.

$$c_{ij,kl} = E_d(i,j) + E_s(i,j,k,l) \qquad (3.13)$$

Der Datenterm $E_d(i,j)$ wird definiert durch die inverse Belegungslikelihood

$$E_d(i,j) = \frac{1}{D(i,j)} \qquad (3.14)$$

Der Glattheitsterm besteht aus einem räumlichen $S(j,l)$ und einem zeitlichen Anteil $T(i,j)$.

$$E_s(i,j,k,l) = S(j,l) + T(i,j) \tag{3.15}$$

Der räumliche Anteil bestraft starke Sprünge in der trennenden Linie.

$$S(j,l) = \begin{cases} C_s d(j,l) & d(j,l) < T_s \\ C_s T_s & d(j,l) \geq T_s \end{cases} \tag{3.16}$$

Mit der Konstante C_s wird ein Kostenparameter eingeführt, um die Tiefensprünge zu bestrafen. Die Funktion $d(j,l)$ beschreibt die räumliche Entfernung in Metern zwischen den Knoten in den Zeilen j und l. Mit dem Schwellwert T_s wird gewährleistet, dass die Kosten begrenzt sind und damit tatsächliche Sprünge in der Tiefe bewahrt bleiben.

Der zeitliche Term $T(i,j)$ ist ähnliche definiert und bestraft starke Veränderungen über die Zeit.

$$T(i,j) = \begin{cases} C_t d(j,j') & d(j,j') < T_t \\ C_t T_t & d(j,j') \geq T_t \end{cases} \tag{3.17}$$

Auch hier wird ein Schwellwert T_t zur Begrenzung der Kosten und ein Kostenparameter C_t eingesetzt. Über die Funktion $d(j,j')$ wird der Abstand zwischen der Zeile j und der über die Fahrzeugeigenbewegung prädizierten Zeile j' aus der Segmentierung des letzten Zeitschrittes bestimmt.

Ein berechneter Freiraum in kartesischen und in Kamerakoordinaten ist in Abbildung 3.2 dargestellt. Die Annahme einer planaren Ebene führt bei einer ansteigenden Straße, wie in Abbildung 3.2, zu einer fehlerhaften Beschränkung des befahrbaren Bereichs. Bereits in [Wed09] wurde ein Höhenprofil innerhalb des Fahrkorridors bestimmt und als Grundhöhe in der Freiraumbestimmung angenommen. Wird das Höhenprofil der Straße, wie in Abbildung 3.3, bei der Freiraumberechnung einbezogen, so resultiert dies in einer deutlichen Verbesserung der Freiraumabschätzung.

(a) Resultierender Freiraum unter Annahme einer planaren Straße.

(b) Bestimmtes Höhenprofil im Fahrkorridor.

(c) Freiraum unter Berücksichtigung des Höhenprofils.

Abb. 3.3.: Ergebnis der Freiraumberechnung: Unter Annahme einer planaren Straße
wird der Freiraum bei einer ansteigenden Straße zu kurz (oben). Durch
die Berücksichtigung des Höhenprofils der Straße (mittig) wird dieser
Fehler reduziert (unten). Bildquelle: [Wed09]

Im Rahmen dieser Arbeit wurde der dreidimensionale Straßenverlauf modelliert und detektiert. Ein Höhenprofil der Fahrstreifenmitte lässt sich aus der Modellbeschreibung bestimmen und in die Freiraumberechnung einbeziehen. Außerdem wird durch die Berücksichtigung des Fahrzeugrollwinkels die Detektion der erhabenen Fahrbahnberandung in überhöhten Kurven deutlich präziser.

Das Höhenprofil der Straße beeinflusst die Freiraumbestimmung, der detektierte Freiraum geht in die Straßenverlaufsschätzung ein. Durch die zeitlich iterative Schätzung werden die Ergebnisse beider Module kontinuierlich adaptiert und verbessert.

3.5. Detektion von Fahrbahnmarkierungen

Die Straßenmarkierung ist ein eindeutiges Merkmal auf der Straßenoberfläche, das den Fahrstreifen und damit den Straßenverlauf präzise beschreibt. Ist eine Mittellinie vorhanden, so wird die Begrenzung des Fahrstreifens definiert, ansonsten die der Straßenoberfläche. Durch ihre Eindeutigkeit ist es naheliegend, Markierungen als Quelle für Messungen des Straßenverlaufs einzusetzen. Zur Detektion solcher Markierungen setzt Mysliwetz bereits 1990 [Mys90] richtungsselektive Faltungsmasken ein. Durch eine Streckung der Maske zur Kantendetektion in die erwartete Richtung wird die Robustheit und Genauigkeit der Markierungserkennung, auch bei abgefahrenen und dadurch schlecht sichtbaren Markierungen, erhöht. Auch in Gern [Ger05] wird eine richtungsorientierte Faltungsmaske zur Detektion von Fahrbahnmarkierungen verwendet, die ähnlich zu dem in [Gol99] und [Ris98] realisiert wurde, und die auch in dem im Rahmen dieser Arbeit entwickelten System Anwendung findet.

Hierbei werden entlang des prädizierten Straßenverlaufs im Kamerabild Suchfenster mit einer entfernungsabhängigen Breite $b_s(L)$ aufgesetzt. Über die Höhe $h_s(L)$ werden die Suchfenster steigungsabhängig integriert und das resultierende Signal wird differenziert. Die lokalen Maxima und Mi-

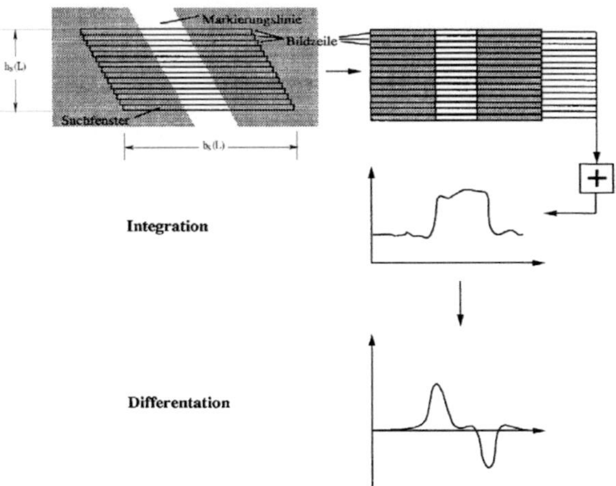

Abb. 3.4.: Markierungsdetektion: Entlang des prädizierten Straßenverlaufs im Bild werden Suchfenster unter Berücksichtigung der prädizierten Steigung aufgesetzt. Die Grauwerte aus diesen Suchfenstern werden der Steigung entsprechend integriert. Das Resultat wird differenziert und so die Innen- und Außenkante der Markierung als lokale Extremstellen detektiert. Bildquelle: [Ger05].

nima bilden mögliche Kandidaten für eine Markierungsinnen- beziehungsweise -außenkante. Das Verfahren ist in Abbildung 3.4 skizziert. Eine Parabel wird in die lokalen Messungen um die Extremstellen eingepasst und somit Subpixelgenauigkeit erzielt.

Durch eine Permutation über die Kandidaten der Außen- und Innenkanten wird eine Klassifikation der Markierung über den Abstand und eine Bewertung der einzelnen Paare anhand des Betrag des Gradientenprodukts beider Kanten gebildet. Als relevant wird das Paar bestehend aus Innen- und Außenkante bestimmt, bei dem die Breite innerhalb des vorgegebenen Bereichs liegt, die Gradienten über einem Schwellwert liegen und die Bewertung anhand der Gradienten am höchsten ist.

Wie in Kapitel 5 beschrieben, erfolgt nachgeschaltet eine Bewertung der detektierten Markierungen anhand der Eigenwerte des Strukturtensors.

3.6. B-Splines

Allgemein bezeichnet eine Splinekurve $C(t)$ mit der Ordnung d stückweise eine Kurve, die aus Polynomen vom Grad $d-1$ zusammengesetzt und $(d-1)$-mal stetig differenzierbar ist.

Man unterscheidet interpolierende Splines, bei denen die Kontrollpunkte durch die Kurve verbunden werden, und approximierende Splines, die ihre Kontrollpunkte annähern.

Die Verwendung von approximierenden Splines hat den Vorteil, dass diese stabiler sind als interpolierende Splines. Die Vorgabe der Kontrollpunkte bei interpolierenden Splines und die Bedingungen an diesen führt gegebenenfalls zu Überschwingungen in einem entfernten Abschnitt der Kurve. Approximierende Splines nähern die Kontrollpunkte an. Sie beschreiben einen glatten Kurvenverlauf, der durch die Kontrollpunkte bestimmt wird.

Bei der Erstellung von Modellen in der Computergrafik werden in der Regel approximierende Splinekurven verwendet, so auch in dem im Rahmen dieser Arbeit entwickelten Straßenmodell.

Eine solche approximierende Splinekurve stellt eine Basis-Splinekurve, allgemein als B-Splinekurve bezeichnet, dar. Eine B-Splinefunktion wird durch n Kontrollpunkte $P_{0,\ldots,n-1}$ und die Basisfunktionen $N_{j,d}(t)$ vom Grad $d-1$ definiert.

$$B(t) = \sum_{j=0}^{n-1} P_j N_{j,d}(t) \tag{3.18}$$

Zur Bestimmung eines Punktes an der Stelle t auf der Kurve werden die einzelnen Kontrollpunkte anhand der Werte der Basisfunktionen an der Stelle t gewichtet. Die Basisfunktionen sind so definiert, dass sie nur über einen Abschnitt einen Wert größer 0 annehmen und an den Rändern dieses Bereiches monoton abnehmen. Hierdurch ergibt sich, dass der Einfluss eines Kontrollpunktes mit zunehmender Entfernung zu der Stelle t abnimmt.

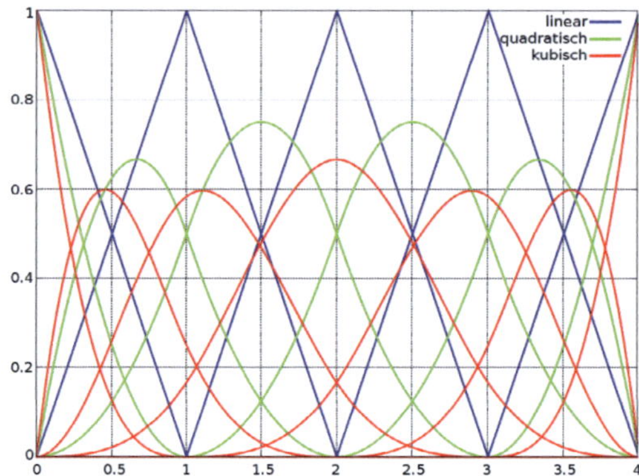

Abb. 3.5.: Basisfunktionen eines *open uniform* B-Spline: Die linearen Funktionen sind blau, die quadratischen grün und die kubischen rot dargestellt. Da die unterschiedlichen Basisfunktionen sich über eine unterschiedliche Anzahl von Abschnitten erstrecken, variiert auch die Anzahl der dargestellten Basisfunktionen je nach Grad der Funktion.

Ein *open* B-Spline beginnt im ersten Kontrollpunkt und endet im letzten. Hierzu werden die begrenzenden Kontrollpunkte mehrfach definiert. Ein Spline wird *uniform* genannt, wenn die Übergangspunkte zwischen den Polynomsegmenten gleichförmig in der Distanz t verteilt sind. Diese Positionierung der Übergangspunkte führt zu identischen, aber verschobenen Basisfunktionen. Die Form der Funktionen ist abhängig von der Ordnung d. In Abbildung 3.5 sind die Basisfunktionen eines *open uniform* B-Splines bis zur Ordnung 4 abgebildet. Die Basisfunktionen der Ränder unterscheiden sich, aufgrund der mehrfach Definition der Randpunkte dort, von denen in der Mitte. Die unterschiedliche Anzahl an Basisfunktionen liegt an der unterschiedlichen Ordnung, aber dem gleichen Darstellungsbereich von $t = [0:4]$. Die lineare Basisfunktion erstreckt sich über zwei Abschnitte, die quadratische über drei und die kubische über vier.

In dem entwickelten Straßenmodell wird ein solcher *open uniform* B-Spline vierter Ordnung aufgrund der folgenden Punkte verwendet:

- Die Änderung eines Kontrollpunktes hat nur begrenzten Einfluss auf die komplette Kurve. Dies führt zu einer stabileren Schätzung. Bei der Verwendung von klassischen Splinefunktionen kann es durch kleine Änderungen an einer Stützstelle zum Überschwingen an den Enden der Kurve kommen.

- Durch die Verwendung eines kubischen Splines ist ein glatter Übergang zwischen den Polynomabschnitten gewährleistet.

- Ein *open* Spline wird verwendet, da hierdurch die Kurve im ersten Kontrollpunkt beginnt. Da der Ursprung des verwendeten Fahrzeugkoordinatensystems am Fahrzeug positioniert ist, ergibt sich eine direkte lokale Modellierung des Straßenverlaufs an der Fahrzeugposition.

- Durch die gleichmäßige Verteilung der Kontrollpunkte ergibt sich die Möglichkeit einer effizienten Auswertung der Basisfunktionen $N_{j,d}(t)$.

Die Gewichte, mit denen der Einfluss eines Kontrollpunktes auf einen Kurvenabschnitt definiert wird, können rekursiv bestimmt werden durch

$$N_{j,1}(t) = \begin{cases} 1 & \text{für } t_j \leq t < t_{j+1} \\ 0 & \text{sonst} \end{cases} \tag{3.19}$$

$$N_{j,m}(t) = \frac{t - t_j}{t_{j+m-1} - t_j} N_{j,m-1}(t) + \frac{t_{j+m} - L}{t_{j+m} - t_{j+1}} N_{j+1,m-1}(t) \tag{3.20}$$

Die Definition von t_j

$$t_j = \begin{cases} 0 & \text{für } j < d \\ j - d + 1 & \text{für } d \leq j \leq n \\ n - d + 2 & \text{für } j > n \end{cases} \tag{3.21}$$

stellt sicher, dass die begrenzenden Knoten d-mal definiert werden und die Kurve an diesen Knoten endet.

Die Kontrollpunkte sind Konstanten in der Funktion, sodass die Ableitung der Splinefunktion über die Ableitung der Basisfunktionen definiert ist. Die Ordnung d der Splinefunktion bestimmt den Grad $(d-1)$ der Polynome zwischen den Übergangspunkten, deren Anzahl ebenfalls von der Ordnung des Splines abhängt. Die Polynome sind $(d-1)$-mal stetig differenzierbar.

$$B'_{n,d}(t) = \sum_{j=0}^{n} P_j N'_{j,d}(t) \tag{3.22}$$

$$N'_{j,m}(t) = (m-1) \tag{3.23}$$
$$\left(\frac{1}{t_{j+m-1}-t_j} N_{j,m-1}(t) - \frac{1}{t_{j+m}-t_{j+1}} N_{j+1,m-1}(t) \right)$$

Die zweite Ableitung ergibt sich dementsprechend.

$$B''_{n,d}(t) = \sum_{j=0}^{n} P_j N''_{j,d}(t) \tag{3.24}$$

$$N''_{j,m}(t) = (m-1) \tag{3.25}$$
$$\left(\frac{1}{t_{j+m-1}-t_j} N'_{j,m-1}(t) - \frac{1}{t_{j+m}-t_{j+1}} N'_{j+1,m-1}(t) \right)$$

Zur visuellen Verdeutlichung wurde in Abbildung 3.6 die Basisfunktion vom Grad 6 mit der ersten und zweiten Ableitung dargestellt. Die Ableitungen der Basisfunktion vom Grad 3 werden gleichermaßen bestimmt.

Einen tieferen Einblick in die Geschichte und die Einsatzbereiche von Splines liefern unter anderem Farin et al. [Far02] und Salomon [Sal06].

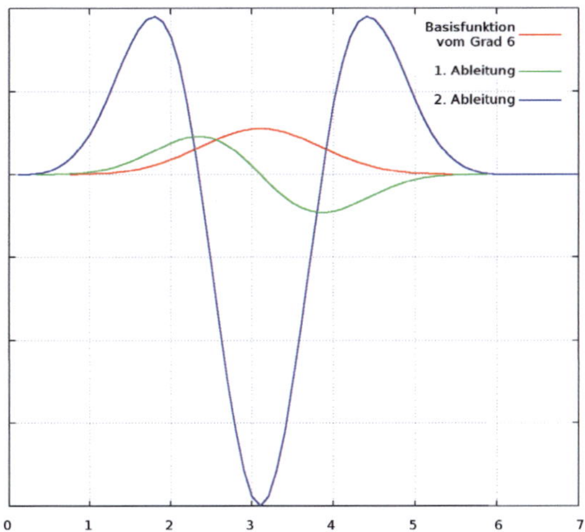

Abb. 3.6.: Basisfunktion vom Grad 6 ($d = 7$) mit der ersten und zweiten Ableitung. Die Funktion erstreckt sich über sechs Abschnitte.

3.7. Filterung dynamischer Systeme

Ein Verfahren zur Straßenverlaufserkennung, bei dem die Modellparameter abhängig von der Fahrzeugposition und -orientierung sind und sich damit durch die Fahrzeugbewegung über der Zeit ändern, stellt ein dynamisches System dar. Anhand eines dynamischen Fahrzeugmodells erfolgt die Prädiktion des Zustandsvektors von einem Zeitschritt zum nächsten.

Die von Arulampalam et al. [Aru02] dargelegte Einführung in die Grundlagen von Bayes'schen Trackingverfahren diente als Basis für die Beschreibungen in diesem Abschnitt.

Allgemein werden die zeitlichen Zusammenhänge und die Zuordnung zwischen Messung und Zustand des Systems in zwei Gleichungen 3.26 und 3.27 beschrieben. In der Systemgleichung 3.26 wird durch die Funktion f der Zustandsvektor x_{k-1} zum Zeitpunkt $k - 1$ unter Berücksichtigung eines Eingangs- oder Steuervektors u_{k-1} und dem Systemrauschen beziehungsweise dem Modellierungsfehler w_{k-1} in den aktuellen Zeitpunkt k prädiziert. In der Messgleichung 3.27 wird der zu erwartende Messwert z_k aus dem aktuellen Zustand x_k und dem Messrauschen v_k durch die Funktion h bestimmt.

$$x_k = f(x_{k-1}, u_{k-1}, w_{k-1}) \tag{3.26}$$
$$z_k = h(x_k, v_k) \tag{3.27}$$

Das Trackingproblem lässt sich beschreiben, als die rekursive Berechnung einer Wahrscheinlichkeit für einen Zustand x_k zum Zeitpunkt k, bei gegebenen Daten $z_{1:k}$ bis zum Zeitpunkt k. Demnach ist die Bestimmung der Wahrscheinlichkeitsdichtefunktion $p(x_k|z_{1:k})$ notwendig. Mit einer gegebenen initialen Verteilung $p(x_0)$ kann die Wahrscheinlichkeitsdichtefunktion rekursiv über eine Prädiktion und eine Korrektur berechnet werden.

Es wird angenommen, dass es sich bei dem vorliegenden Systemmodell um einen Markov-Prozess handelt, bei dem der Zustand zum Zeitpunkt k nur von dem zum Zeitpunkt $k-1$ abhängt.

Es gilt $p(x_k|x_{k-1}, z_{1:k-1}) = p(x_k|x_{k-1})$.

3.7.1. Kalman Filter

Das Kalman Filter, benannt nach R. E. Kalman, der diesen Ansatz 1960 einführte [Kal60], berechnet rekursiv eine geschlossene Lösung für ein lineares Schätzproblem, unter der Annahme, dass die Wahrscheinlichkeitsdichtefunktion $p(x_k|x_{k-1})$ normalverteilt ist.

Bei einem linearen dynamischen System wird die zeitliche Veränderung des Systemzustands x durch die Systemmatrix A beschrieben.

Der Eingangsvektor u_{k-1} wirkt mit der Eingangsmatrix B_{k-1} auf den prädizierten Zustand x_k ein. Des Weiteren wird das Systemrauschen w_{k-1} berücksichtigt.

Die Veränderung wird zeitdiskret durch

$$x_k = A_{k-1} \cdot x_{k-1} + B_{k-1} \cdot u_{k-1} + w_{k-1} \qquad (3.28)$$

ausgedrückt.

Die lineare Darstellung der Messgleichung ist in Gleichung 3.29 beschrieben. Ein zu erwartender Messwert z_k wird bestimmt durch den aktuellen Zustand x_k mit der Messmatrix H_k und unter Berücksichtigung eines Messrauschens v_k.

$$z_k = H_k \cdot x_k + v_k \qquad (3.29)$$

Sowohl für das Systemrauschen w_k als auch für das Messrauschen v_k wird durch die Gleichungen 3.30 und 3.31 ein weißes, normalverteiltes Rauschen angenommen.

$$p(v_k) \sim N(0, R_k) \qquad E[v_k] = 0 \qquad E[v_k v_k^T] = R_k \qquad (3.30)$$
$$p(w_k) \sim N(0, Q_k) \qquad E[w_k] = 0 \qquad E[w_k w_k^T] = Q_k \qquad (3.31)$$

Hierbei ist Q_k die Kovarianzmatrix des Systemrauschens und R_k die Kovarianzmatrix des Messrauschens.

Eine detaillierte Einführung dieses Filteransatzes findet man in [Wel95]. Die Idee ist, den *a posteriori* Zustand $\hat{x}_k$ aus einer linearen Kombination des *a priori* Zustands $\hat{x}_k^-$ und dem gewichteten Residuum zu berechnen. Das Residuum r, auch Messinnovation genannt, ist die Differenz zwischen der tatsächlichen Messung z_k und der erwarteten Messung $H\hat{x}_k^-$:

$$r = z_k - H\hat{x}_k^- \qquad (3.32)$$

Die Gewichtung erfolgt mit der Stellmatrix K, *„Kalman Gain"*, mit der die Mischung zwischen der Prädiktion und den Messungen gesteuert wird.

$$\hat{x}_k \;=\; \hat{x}_k^- + K_k(z_k - H\hat{x}_k^-) \tag{3.33}$$

Zusätzlich zu dem Zustand x_k wird die Fehlerkovarianzmatrix P_k für jeden Zeitschritt bestimmt. Diese stellt ein Maß für die aktuelle Sicherheit und das Rauschen des Systems dar. Die aktuelle Sicherheit des Systems geht über die *a priori* Fehlerkovarianzmatrix P_k^- in die Berechnung der Matrix K durch Gleichung 3.34 mit ein.

$$K_k = P_k^- H^T S_k^{-1} \tag{3.34}$$
$$S_k = H P_k^- H^T + R$$

Die Matrix S_k stellt die Residuenkovarianzmatrix dar und definiert durch die Einträge auf der Diagonalen den σ-Bereich um eine erwartete Messung $H\hat{x}_k^-$. Bei kleinem Messrauschen, wenn die Kovarianzmatrix des Messfehlers R sich 0 annähert, wird das Residuum, und dadurch die entsprechende Messung, stark gewichtet. Ist die Fehlerkovarianzmatrix P_k klein, so wird das Residuum deutlich schwächer gewichtet.

Die *a posteriori* Fehlerkovarianzmatrix P_k ergibt sich aus der Differenz zwischen der *a priori* Fehlerkovarianzmatrix und der durch K gewichteten erwarteten Fehlerkovarianzmatrix.

$$P_k = P_k^- - K_k H P_k^- \tag{3.35}$$

Die Gleichungen 3.33, 3.34 und 3.35 bilden den Korrekturschritt des Kalman Filters, in dem der *a posteriori* Zustandsvektor und die *a posteriori* Fehlerkovarianzmatrix aus den *a priori* Schätzungen bestimmt werden. Der

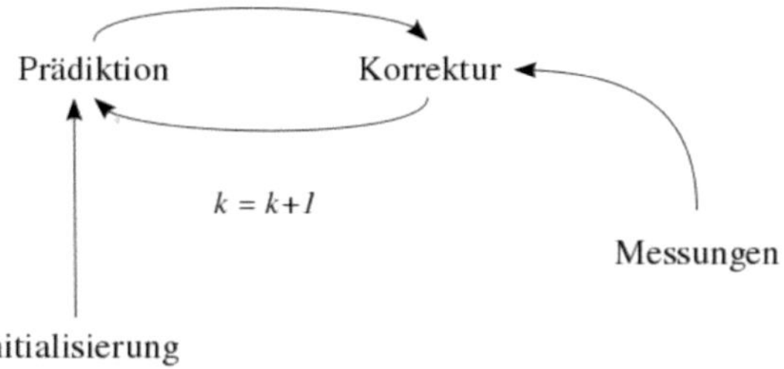

Abb. 3.7.: Prinzipielle Funktionsweise des Kalman Filters: Der Zustandsvektor und die Fehlerkovarianzmatrix werden initialisiert. Der prädizierte Zustand wird durch Messungen korrigiert und in den nächsten Zeitschritt prädiziert.

a priori Zustandsvektor und die *a priori* Fehlerkovarianzmatrix werden im Prädiktionsschritt mit den Gleichungen 3.36 und 3.37 berechnet.

$$\hat{x}_k^- = A_k \cdot \hat{x}_{k-1} + B_k \cdot u_{k-1} \qquad (3.36)$$

$$P_k^- = A_k P_{k-1} A_k^T + Q \qquad (3.37)$$

Der Systemzustand wird entsprechend Gleichung 3.26 prädiziert. Die geschätzte Fehlerkovarianzmatrix ergibt sich aus der durch A überführten *a posteriori* Matrix und der Kovarianzmatrix des Systemrauschens Q.

In Abbildung 3.7 ist die prinzipielle Funktionsweise des Kalman Filters skizziert. Der prädizierte Zustandsvektor wird in der Korrektur durch aktuelle Messungen angepasst und im nächsten Zeitschritt durch die Systemmatrix prädiziert. Der Zustandsvektor und die Fehlerkovarianzmatrix werden initialisiert dem Kalman Filter übergeben.

3.7.2. Erweitertes Kalman Filter

Das Klothoidenmodell, das in Abschnitt 2.8 eingeführt wurde, ist an sich linear, doch durch die Einbeziehung des Nickwinkels in die Schätzung ist diese Voraussetzung nicht mehr gegeben und die Verwendung eines einfachen Kalman Filters nicht sinnvoll. Aus diesem Grund wird in vielen Anwendungen zur Fahrstreifenerkennung, wie in [Dic86, Beh95, Kho02, Mei03, McC04, Dar10] und auch in dieser Arbeit, ein erweitertes Kalman Filter als dynamisches Filter verwendet.

Hierbei wird die partielle Ableitung der nichtlinearen System- und Messgleichung verwendet, um eine Schätzung auch bei nicht linearen Modellen zu bestimmen. Es handelt sich bei dieser Erweiterung um eine Approximation und nicht um eine ideale Lösung.

In einem nichtlinearen System wird das System- und das Messmodell durch die nichtlinearen Funktionen f und h beschrieben, die die Beziehung zwischen den Zuständen zweier Zeitschritte beziehungsweise einer Messung und dem Systemzustand beschreiben, siehe Gleichung 3.26 und 3.27.

Ein Linearisierung der Schätzung erfolgt über die Verwendung der partiellen Ableitungen der System- und Messfunktion. Die Gleichungen für den Korrekturschritt

$$\hat{x}_k = \hat{x}_k^- + K_k(z_k - h(\hat{x}_k^-, v_k)) \tag{3.38}$$

$$K_k = P_k^- H^T (H P_k^- H^T + V_k R_k V_k^T)^{-1} \tag{3.39}$$

$$P_k = P_k^- - K_k H_k P_k^- \tag{3.40}$$

und den Prädiktionsschritt

$$\hat{x}_k^- = f(\hat{x}_{k-1}, u_{k-1}, w_k) \tag{3.41}$$

$$P_k^- = A_k P_{k-1} A_k^T + W_k Q_{k-1} W_k^T \tag{3.42}$$

sind dementsprechend angepasst.

Hierbei beschreiben

- A_k die Jacobimatrix aus den partiellen Ableitungen der Funktion f nach den Parametern des Zustandsvektors x_k

- W_k die Jacobimatrix aus den partiellen Ableitungen der Funktion f nach dem Systemrauschen w_k

- H_k die Jacobimatrix aus den partiellen Ableitungen der Funktion h nach x_k

- V_k die Jacobimatrix aus den partiellen Ableitungen der Funktion h nach v_k

3.8. M-Estimator

Das Kalman Filter zählt zu einer Gruppe von Schätzern, bei denen der quadratische Fehler zwischen Annahme und den Messungen, normiert durch die Messfehlervarianzen R, minimiert wird. Wird angenommen, dass die Messungen unabhängig voneinander sind, gilt $R = \text{Diag}(\sigma_1^2, \ldots, \sigma_n^2)$ und das Minimierungsproblem lässt sich nach [Zha97] verallgemeinert formulieren durch

$$r^T R^{-1} r \quad \rightarrow \quad \min \tag{3.43}$$

$$\sum_m r_m^{\star\,2} \quad \rightarrow \quad \min \tag{3.44}$$

mit

$$r_m^{\star} = \frac{r_m}{\sigma_m}. \tag{3.45}$$

Ohne Berücksichtigung der Messfehlerkovarianz R geht jeder Fehler gleichermaßen in die Minimierung ein, sodass der Einfluss einer Messung mit dem Residuum r linear ansteigt. Entfernte Ausreißer haben damit einen hohen Einfluss auf das Ergebnis. M-Estimatoren ersetzen aus diesem Grund die quadratische Kostenfunktion durch eine Funktion ρ, um ein Ergebnis zu erzielen, das nahe am Minimum liegt, aber weniger durch Ausreißer beeinflusst wird.

$$\sum_m \rho(r_m^\star) \quad \rightarrow \quad \min \tag{3.46}$$

Eigenschaften, die diese Funktion ρ zu erfüllen hat, sind Positiv-Definitheit, Symmetrie und die Existenz eines eindeutigen Minimums an der Stelle 0. Außerdem sollte sie weniger schnell ansteigen als eine Parabel.

Bei der Integration einer solchen Funktion wird die quadratische Form des Minimierungsproblems beibehalten und nur mit einer Gewichtsfunktion $w(x)$ angepasst.

$$\sum_m w(r_m^\star) r_m^{\star 2} \quad \rightarrow \quad \min \tag{3.47}$$

mit

$$w(x) = \frac{\rho'(x)}{x} \tag{3.48}$$

Eine ganze Reihe an möglichen Gewichtsfunktionen sind in [Zha97] aufgelistet, wobei auf die verwendete Huber-Funktion ρ_{Huber} im Folgenden näher eingegangen wird.

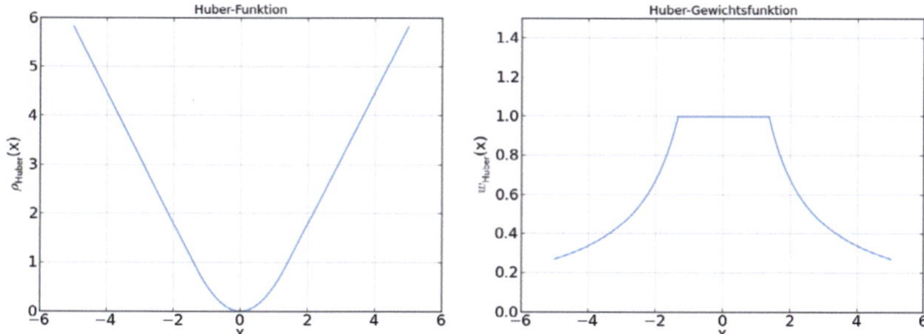

Abb. 3.8.: Huber-Funktion: Die Funktion besteht aus einem quadratischen Ab-schnitt um 0, der in einen linearen Verlauf an den Rändern übergeht (links). Die resultierende Gewichtsfunktion (rechts) bewertet Messungen innerhalb des quadratischen Bereichs gleichermaßen, fällt aber zu den Rändern ab. Hierdurch wird der Einfluss von Messungen mit höherem Residuum geschwächt.

Diese Funktion setzt sich zusammen aus einem quadratischen Abschnitt zwischen $-k$ und k, an den ein linearer Verlauf anschließt.

$$\rho_{\text{Huber}} = \begin{cases} \frac{x^2}{2} & |x| < k \\ k|x| - \frac{k^2}{2} & |x| \geq k \end{cases} \tag{3.49}$$

Von [Zha97] wird für die Einstellkonstante k der Wert $k = 1,345$ emp-fohlen. Bei diesem Wert liegt die asymptotische Effizienz des Schätzers im Vergleich zur Minimierung des quadratischen Fehlers bei 95%, falls die Messungen mit einem Gauß'schen Rauschen behaftet sind.

Aus der Funktion ρ_{Huber} ergibt sich die Gewichtsfunktion w_{Huber}.

$$w_{\text{Huber}} = \begin{cases} 1 & |x| < k \\ \frac{k}{|x|} & |x| \geq k \end{cases} \tag{3.50}$$

Beide Funktionen sind in Abbildung 3.8 dargestellt.

Die Gewichtung der Messungen innerhalb des Kalman Filters kann rea-lisiert werden durch eine Multiplikation der Kovarianzmatrix des Messrau-schens R mit dem Inversen des Gewichtungsfaktors [Bar10].

4. Dreidimensionales Straßenmodell

Das in Fahrerassistenzsystemen verwendete planare Klothoidenmodell [Dic86], das bereits in Kapitel 2.2.1 eingeführt wurde, ist ideal für den Einsatz auf Autobahnen, in denen meist große Kurvenradien vorliegen, die Übergänge zwischen den Segmenten weitgehend glatt verlaufen und Steigungen und Senken selten und schwach ausgeprägt sind. Wie schon in Kapitel 1 verdeutlicht, reicht dieses Modell nicht aus, um den komplexen horizontalen und vertikalen Krümmungsverlauf von Landstraßen zu beschreiben.

Die ersten Erweiterungen zur dreidimensionalen Beschreibung der Straße erfolgten durch die zusätzliche Modellierung einer vertikalen Krümmung [Dic92]. Der relative Rollwinkel des Fahrzeugs zur Straßenoberfläche wurde in die Modellierung durch Nedevschi et al. [Ned04] eingeführt. Eine Verbesserung der horizontalen Modellierung beschrieb Behringer [Beh94]. Der detektierte Straßenverlauf wurde anhand eines GLR-Ansatzes in Klothoidensegmente unterteilt, siehe Kapitel 2.2.1.

Das im Rahmen der Arbeit entwickelte dreidimensionale Modell beschreibt den Straßenverlauf anhand der klassischen Parameter, Fahrstreifenbreite, lateraler Versatz, Gierwinkel, Krümmung, Nickwinkel, und einem Rollwinkel im Nahbereich. Zusätzlich werden drei kubische B-Splinefunktionen eingeführt, anhand derer eine Unterteilung der Straßenbeschreibung in Segmente realisiert wird.

- Ein Spline wird in der horizontalen Modellierung eingesetzt, um so Krümmungswechsel beschreiben zu können.

- Für die vertikale Modellierung wird jeweils ein Spline für den linken und rechten Straßenrand aufgewendet.

Durch eine separate Modellierung des linken und rechten vertikalen Straßenrandes wird die sich verändernde Straßenquerneigung beschreibbar.

Das von Behringer eingesetzte Modell unterteilt den Straßenverlauf im Vertikalen und Horizontalen in Klothoidensegmente. Da eine Klothoide durch ein Polynom dritten Grades approximiert wird, unterscheidet sich diese Darstellung von einem kubischem Spline ausschließlich durch die Übergangsbedingungen zwischen den Segmenten. Ein kubischer Spline setzt eine Übereinstimmung der angrenzenden Polynome am Punkt des Übergangs bis in die zweite Ableitung voraus, während Behringer Stetigkeit und einfache Differenzierbarkeit fordert.

Bei dieser Arbeit wird auf das von Dickmanns et al. [Dic92] eingeführte Straßenmodell aufgesetzt, da dies die Grundlage für viele Regelungskonzepte von autonom fahrenden Fahrzeugen ist. Es stellt die Parameter zur Verfügung, die zur Regelung entscheidend sind, ermöglicht aber nicht, die Straße in einem erweiterten Sichtbereich und in einer höheren Dimensionalität zu beschreiben.

Zur Einführung des entwickelten dreidimensionalen Straßenmodells wird zunächst in Abschnitt 4.1 die Basis, das schon in Abschnitt 2.2.1 beschriebene Klothoidenmodell, kurz wiederholt, bevor die Erweiterungen im Detail dargelegt werden. Anschließend wird die Einbeziehung der Fahrzeugdynamik in die Prädiktion der Modellparameter beschrieben. Zum Abschluss diese Kapitels wird die vorgestellte Modellierung diskutiert und mögliche Vereinfachungen dargelegt.

4.1. 3D-Straßenmodell

Das einfache Klothoidenmodell bildet die Grundlage vieler spurbasierter Fahrerassistenzsysteme. Nach den Parametern dieses Modells sind viele

Regelungsalgorithmen ausgerichtet, sodass das hier vorgestellte erweiterte Modell diese Parameter weiter bedient und zusätzlich eine erweiterte, komplexere Straßenmodellierung ermöglicht.

4.1.1. Einfaches Klothoidenmodell

Bei dem Klothoidenmodell wird eine Klothoide, wie sie in der Straßenplanung verwendet wird, anhand einer Taylorreihenentwicklung bis zu einem Polynom dritten Grades approximiert. Eine nähere Betrachtung und Herleitung dieser Approximation findet sich in Abschnitt 2.2.1.

Modellbeschreibung

Die laterale Position der Fahrstreifenmitte in der Entfernung Z wird bestimmt durch den lateralen Versatz an der Fahrzeugposition X_{offset}, durch den Gierwinkel $\Delta\psi$, die horizontale Krümmung C_0 und die Änderung der Krümmung über die Entfernung im Horizontalen C_1.

$$X(Z) = -X_{\text{offset}} - \Delta\psi Z + \frac{1}{2}C_0 Z^2 + \frac{1}{6}C_1 Z^3 \qquad (4.1)$$

Zusammen mit der als konstant angenommenen Straßenbreite W wird der rechte und linke Rand definiert. Abbildung 2.13 veranschaulicht die Modellparameter graphisch.

Für eine akkurate Projektion vom Welt- ins Bildkoordinatensystem ist zusätzlich das Wissen über den Nickwinkel α und die Kamerahöhe H notwendig.

Eine vertikale Modellierung erfolgt durch die Beschreibung des vertikalen Krümmungsverlaufs ebenfalls anhand einer approximierten Klothoide. Die vertikalen Krümmungsparameter C_0 und C_1 werden mit dem Index v gekennzeichnet. Durch Hinzunahme des Rollwinkels θ in Gleichung 4.2

wird zusätzlich die Straßenneigung an der Position des Fahrzeugs in der Modellierung berücksichtigt.

$$Y(Z) = Z\alpha + \frac{1}{2}C_{0,v}Z^2 + \frac{1}{6}C_{1,v}Z^3 - \theta X_{\text{offset}} \tag{4.2}$$

Durch Gleichung 4.1 und 4.2 wird ein dreidimensionaler Straßenverlauf beschrieben, der durch den Zustandsvektor s_t zum Zeitpunkt t definiert wird.

$$s_t = \begin{pmatrix} W & X_{\text{offset}} & \Delta\psi & C_0 & C_1 & \alpha & H & \theta & C_{0,v} & C_{1,v} \end{pmatrix}^T \tag{4.3}$$

Die Beschreibung des tatsächlichen Straßenverlaufs ist hierdurch nur unzureichend möglich. Im folgenden Abschnitt wird die im Rahmen dieser Arbeit entwickelte Straßenmodellierung vorgestellt, die eine erweiterte Beschreibung zulässt.

Limitierung des einfachen Klothoidenmodells

Der horizontale Krümmungsverlauf einer kurvenreichen Straße ist durch das im vorherigen Abschnitt beschriebene Klothoidenmodell nur bedingt modellierbar. Die deutschen Straßenbaurichtlinien besagen, dass eine Straße von Segmenten aus Geraden und Kreisbögen besteht, die durch Klothoidensegmente verbunden sind. Durch diese Verbindungsstücke werden sprunghafte Änderungen in der Krümmung verhindert. Der Parameter C_1, der die Änderung der Krümmung über die Entfernung beschreibt, verändert sich an Segmentübergängen sprungartig. Auf Autobahnen sind diese Sprünge in der Regel so gering, dass sie vernachlässigbar sind. In Baustellensituationen oder auf kurvenreichen Landstraßen ist dies nicht der Fall. Dort ist eine Segmentierung der Kurve notwendig, um den Straßenverlauf darstellen zu können. In Abbildung 4.1 sind Beispiele für solche Segmentübergänge im Straßenverlauf enthalten.

(a) Landstraße im Übergang zwischen Rechts- und Linkskurve

(b) Gewundene Baustellenausfahrt auf einer Autobahn.

Abb. 4.1.: Straßenverläufe mit Segmentübergängen: Auf Landstraßen und in Baustellenaus- und einfahrten auf Autobahnen treten an den Übergängen zwischen Bereichen mit unterschiedlichen Krümmungen deutliche Sprünge im Klothoidenparameter auf. Diese Übergänge lassen sich nur mit einem Modell beschreiben, das den Verlauf der Straße segmentweise betrachtet. Farbig kodiert ist die Höhe relativ zur Fahrzeuglängsachse. In Rot wird ein relativer Anstieg, in Grün ein Abfall der Straße dargestellt.

Die bislang verwendete vertikale Beschreibung ist nicht nur aufgrund der fehlenden Segmentierung unzureichend. Die Querneigung der Straße wird nur lokal durch den Rollwinkel beschrieben. Erst durch eine separate Modellierung des vertikalen Straßenverlaufs vom rechten und linken Straßenrand kann die Änderung der Straßenquerneigung modelliert werden. Solche Neigungsänderungen treten unter anderem am Ein- und Ausgang von überhöhten Kurven auf.

4.1.2. Erweiterung des Klothoidenmodells durch B-Spline-funktionen

Die Eigenschaften und die Robustheit des einfachen Klothoidenmodells im Lokalen an der Position des Systemfahrzeugs sind essentiell zur Querführung bei aktiven Fahrerassistenzsystemen. Die Robustheit wurde unter anderem im Projekt PROMETHEUS und den darauf aufbauenden Arbeiten gezeigt, in denen Regelsysteme zur Fahrzeugführung entstanden sind. Zur Erhaltung dieser Eigenschaften und zur einfachen Integration des Modells in bestehende Fahrerassistenzsysteme wird das Klothoidenmodell im Nahbereich beibehalten und durch eine B-Splinefunktion im Horizontalen ergänzt. Hierdurch wird eine aus Segmenten bestehende Beschreibung des Straßenverlaufs ermöglicht. Durch zwei weitere B-Splinefunktionen, die den vertikalen Verlauf der Straßenränder modellieren, wird eine dreidimensionale Beschreibung eingeführt, die einen komplexen Straßenverlauf inklusive der Straßenquerneigungen repräsentieren kann.

Da die Änderung der Krümmung sich nur bedingt durch den Parameter C_1 beschreiben lässt, wird dieser durch die B-Splinefunktion $B_X(Z)$ ersetzt. Hierzu wird Gleichung 4.1 modifiziert zu Gleichung 4.4. Die lokale Krümmung C_0 geht direkt in die Prädiktion des Gierwinkels im Modell ein, siehe Gleichung 2.12, und beschreibt die lokale Krümmung ausreichend, sodass dieser Parameter bestehen bleibt.

$$X(Z) \;=\; -X_{\text{offset}} - \Delta\psi Z + \frac{1}{2}C_0 Z^2 + B_X(Z) \qquad (4.4)$$

Ein B-Spline setzt sich zusammen aus einer Anzahl n von Kontrollpunkten $P_{X,i}$, $i = 0, \dots, n-1$, anhand derer die Splinefunktion kontrolliert wird, und den zugehörigen Basisfunktionen $N_{i,d}(Z)$ vom Grad d, siehe Kapitel 3.6.

$$X(Z) \;=\; -X_{\text{offset}} - \Delta\psi Z + \frac{1}{2}C_0 Z^2 + \sum_{i=0}^{n-1} P_{X,i} N_{i,d}(Z) \qquad (4.5)$$

Bei kleinen Krümmungsradien, wie sie auf Landstraßen und in Baustellenabschnitten auf Autobahnen auftreten können, ist der Fehler, der sich bei der Berechnung der Position des linken und rechten Straßenrand aus Gleichung 2.9 und 2.10 ergibt, zu groß. Der Straßenrand ist orthogonal zur Mittellinie der Straße aus Gleichung 4.4 zu bestimmen.

$$\begin{pmatrix} X(Z) \\ Z \end{pmatrix}_r = \begin{pmatrix} X(Z) \\ Z \end{pmatrix} + \frac{0,5W}{\sqrt{X'(Z)^2 + 1}} \begin{pmatrix} 1 \\ -X'(Z) \end{pmatrix} \qquad (4.6)$$

$$\begin{pmatrix} X(Z) \\ Z \end{pmatrix}_l = \begin{pmatrix} X(Z) \\ Z \end{pmatrix} - \frac{0,5W}{\sqrt{X'(Z)^2 + 1}} \begin{pmatrix} 1 \\ -X'(Z) \end{pmatrix} \qquad (4.7)$$

In Abbildung 4.2 ist das Modell aus der Vogelperspektive graphisch dargestellt. Zur Übersichtlichkeit wurde hierbei der laterale Abstand X_{offset} und der Gierwinkel $\Delta\psi$, die denen in Abbildung 2.13 entsprechen, nicht eingezeichnet.

Im Vertikalen erfolgt die Modellierung des Krümmungsverlaufs durch die B-Splinefunktionen, den Nick- und den Rollwinkel. Die Funktion $B_{Y_r}(Z)$

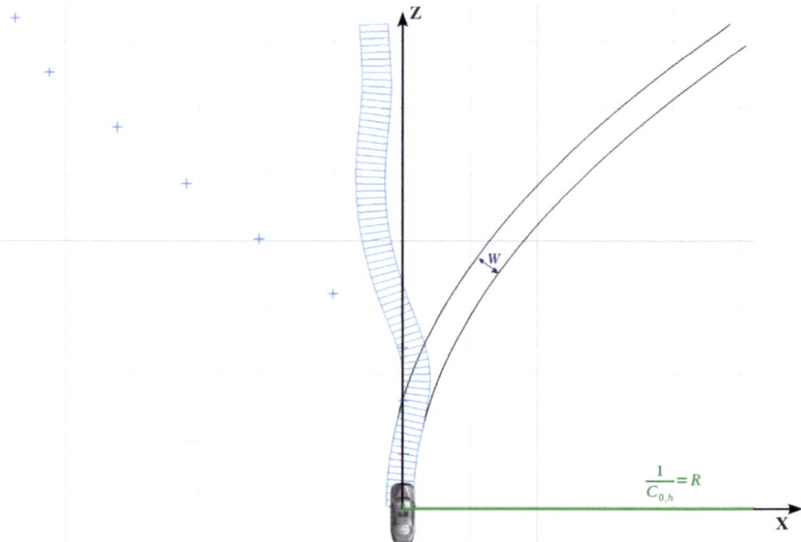

Abb. 4.2.: Erweitertes Straßenmodell: Ausgehend vom Klothoidenmodell aus Abbildung 2.13 wurde der Klothoidenparameter C_1 durch eine B-Splinekurve ersetzt. Die Kontrollpunkte werden durch die blauen Kreuze dargestellt. Der schwarze Bogen resultiert aus dem Straßenverlauf ohne Berücksichtigung der Splinekurve, mit der Erweiterung ergibt sich der blaue Verlauf.

beschreibt den rechten Krümmungsverlauf in Gleichung 4.8, $B_{Y_l}(Z)$ den linken in Gleichung 4.9.

$$Y_r(Z) = Z\alpha + \theta(0{,}5W - X_{\text{offset}}) + B_{Y_r}(Z) \tag{4.8}$$

$$Y_l(Z) = Z\alpha + \theta(-0{,}5W - X_{\text{offset}}) + B_{Y_l}(Z) \tag{4.9}$$

Der Nickwinkel α wird aus dem Nahbereich, durch die in Abschnitt 3.3 eingeführte Nickwinkelschätzung, bestimmt. Durch eine unzureichende Schätzung kann es zu einer Inkonsistenz zwischen dem aus den Disparitäten geschätzten Nickwinkel und einem aus den parallelen Markierungen im Bild bestimmbaren Nickwinkel kommen. Leichte Abweichungen kön-

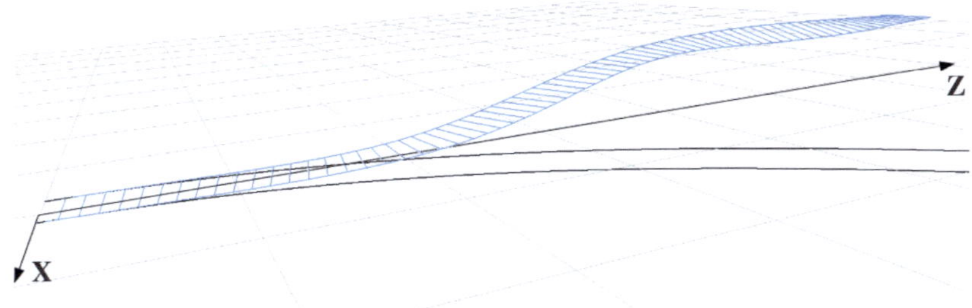

Abb. 4.3.: Erweitertes Straßenmodell: Sowohl eine Steigung als auch ein Neigungsverlauf einer Straße lassen sich durch das entwickelte Modell
beschreiben.

nen durch den zusätzlichen Parameter $\Delta\alpha$ ausgeglichen werden.

Zusätzlich wird auch eine Abweichung von der Einbauhöhe der Kamera H_{offset} zugelassen, die bei starken Nickbewegungen auftreten kann. Ein Fehler in der Kameraeinbauhöhe kann zu schwerwiegenden Problemen in der Schätzung des dreidimensionalen Straßenverlaufs führen, sodass dem mit diesem Parameter vorgebeugt wird.

Eine perspektivische Ansicht des Straßenverlaufs aus Abbildung 4.2 ist in Abbildung 4.3 dargestellt. Der vertikale Krümmungsverlauf ist durch die Steigung und eine Querneigung der Straße repräsentiert. Das entwickelte Modell ist in der Lage, beides darzustellen.

Da die Basisfunktionen der B-Splinefunktionen konstant sind, wird die Kurve ausschließlich durch die Kontrollpunkte beeinflusst.

Für den Zustandsvektor s_t ergibt sich somit

$$s_t = \begin{pmatrix} W & X_{\text{offset}} & \Delta\psi & C_0 & P_X & \Delta\alpha & H_{\text{offset}} & \theta & P_{Y_l} & P_{Y_r} \end{pmatrix}^T \qquad (4.10)$$

Die Anzahl der Kontrollpunkte und der Abstand dieser ist parametrierbar, aber konstant, sodass eine Änderung der Parameteranzahl des Kalman Filters nicht zu betrachten ist.

Durch die Einführung der B-Splinefunktion in die Straßenrepräsentation ist das Modell stark erweitert worden. Die lokale Repräsentation der Position und Orientierung des Fahrzeugs zur Straße und die Krümmung der Straße ist erhalten geblieben. Gleichzeitig können komplexere Krümmungsverläufe beschrieben werden.

Diese Modellierung führt allerdings zu einer nicht eindeutigen Beschreibung im Nahbereich, sodass die Splinefunktionen eingeschränkt werden müssen. Des Weiteren unterliegen Höhe und Steigung der Straße an der Fahrzeugposition physikalischen Beschränkungen, die berücksichtigt werden müssen.

Weitere Bedingungen sind notwendig, um die Glattheit der Splinefunktion im Fernbereich zu gewährleisten. Da die Länge des Straßenmodells fest, aber die Sichtweite gerade in Kurven oder vor Kuppen deutlich reduziert ist, können der geschätzten Kurve im Fernbereich keine Messungen zugeordnet werden.

Diese Bedingungen an die Splinefunktionen werden nicht als absolute Einschränkungen einzelner Modellparameter realisiert, sondern als Randbedingungen durch Messwerte in das Kalman Filter eingeführt. Als Messwert wird der angestrebte Wert der einzelnen Bedingungen eingefügt. Die Messvarianz lässt eine Gewichtung der Bedingungen zu. Bei einer geringen Varianz wird eine Messung stärker gewichtet und damit der Bedingung eine größere Bedeutung zugeordnet als bei einer hohen.

Die beiden Gruppen von Bedingungen werden im Folgenden beschrieben.

Lokale Bedingungen an die Splinefunktionen

Die Splinefunktion $B_X(Z)$ ermöglicht eine Beschreibung des Straßenverlaufs im Horizontalen, die auch die laterale Abweichung der Straßenmitte vom Fahrzeug, die Orientierung und die Krümmung der Straße einbezieht. Allerdings beschreiben die Parameter X_{offset}, $\Delta\psi$ und C_0 ebenfalls diese

Zustände, sodass keine eindeutige Beschreibung vorliegt. Dieser Konflikt wird durch drei Bedingungen an die Splinefunktion, die in Gleichung 4.11 ausgedrückt werden, gelöst.

Die Splinefunktion beschreibt die Mittellinie der Straße. Die Abweichung des Fahrzeugs von dieser wird durch X_{offset} ausgedrückt. Daraus ergibt sich, dass die Position der Splinefunktion an $Z = 0$, der Kameraposition im Fahrzeug, 0 sein soll.

Die Orientierung des Fahrzeugs zur Straßenmittellinie wird durch den Gierwinkel $\Delta\psi$ beschrieben. Für die Splinefunktion wird gefordert, dass die erste Ableitung an der Kameraposition im Fahrzeug 0 ist.

Die Krümmung der Straße wird ebenfalls in dem gesonderten Parameter C_0 beschrieben. Die Splinefunktion wird durch die Bedingung, dass die zweite Ableitung an der Kameraposition im Fahrzeug 0 ist, weiter eingeschränkt.

$$\begin{aligned}
\text{Positionsbedingung:} \quad & B_X(0) &=& \quad 0 \\
\text{Ausrichtungsbedingung:} \quad & B_X'(0) &=& \quad 0 \\
\text{Krümmungsbedingung:} \quad & B_X''(0) &=& \quad 0
\end{aligned} \tag{4.11}$$

Die Funktionen $B_{Y_r}(Z)$ und $B_{Y_l}(Z)$ führen zu einer vertikalen Beschreibung der Straße. Allerdings sind die Höhe und die Längsneigung des Fahrzeugs relativ zur Straße physikalisch beschränkt. Das Fahrzeug steht auf der Straße, sodass die Höhe an der Kameraposition des Fahrzeugs 0 ist.

$$\text{Höhenbedingung:} \quad Y_{\text{Fzg}} = 0 \tag{4.12}$$

Die relative Höhe der Straße an der Fahrzeugposition Y_{Fzg} wird, wie in Gleichung 4.13 beschrieben, durch Höhe der Straßenränder an $Z = 0$,

$B_{Y_r}(0)$ und $B_{Y_l}(0)$, die Straßenbreite W und dem lateralen Versatz des Fahrzeugs zur Straßenmitte X_{offset} bestimmt.

$$Y_{\text{Fzg}} = B_{Y_l}(0) + (0,5W + X_{\text{offset}}) \frac{B_{Y_r}(0) - B_{Y_l}(0)}{W} \qquad (4.13)$$

Die Längsneigung der Straße an der Fahrzeugposition $Z = 0$, relativ zum Fahrzeug, soll auch 0 sein, sodass dies erfüllt ist, wenn das Fahrzeug eben auf der Straße steht. Diese Bedingung gilt hierbei sowohl für die Beschreibung des rechten als auch des linken Straßenrandes.

$$\text{Steigungsbedingungen:} \quad \begin{aligned} B'_{Y_r}(0) &= 0 \\ B'_{Y_l}(0) &= 0 \end{aligned} \qquad (4.14)$$

Der Rollwinkel θ wurde in der Modellierung separiert, sodass sich hierdurch eine zusätzliche Bedingung an die vertikalen Splinefunktionen ergibt. Der Neigungswinkel $\tilde{\theta}$, der sich aus der Höhe der rechten und linken Splinefunktion an der Position des Fahrzeugs ergibt, soll 0 sein.

$$\text{Neigungsbedingung:} \quad \tilde{\theta}(0) = \text{atan}\left(\frac{(B_{Y_l}(0) - B_{Y_r}(0))}{W} \right) = 0 \qquad (4.15)$$

Die Modellierung des Straßenverlaufs hat ihren Ursprung an der Position der Kamera im Fahrzeug. Durch den Öffnungswinkel der Kamera und die Verdeckung der Straße durch die Motorhaube beginnt der Messbereich allerdings erst im Bereich von ungefähr $Z_0 = 7$ m, sodass im Bereich bis zu den ersten Messungen aus dem Bild der geschätzte Straßenverlauf nur durch die lokalen Bedingungen beeinflusst wird. Um den Einfluss der lokalen Bedingungen an der Nullposition der Splinefunktion auf diesen gesamten Bereich zu erweitern, wurden die Ausrichtungsbedingung, die Krümmungsbedingung und die Steigungsbedingung angepasst. Der Einfluss der

Bedingungen wird geringfügig um ε über Z_0 vergrößert, sodass die Bedingungen nicht unabhängig von den Straßenmessungen umzusetzen sind.

Ausrichtungsbedingung:

$$\int\limits_{Z=0}^{Z_0+\varepsilon} (1 - \tfrac{Z}{Z_0+\varepsilon}) B'_X(Z)^2 \;=\; \sum_i P_{X,i} \int\limits_{Z=0}^{Z_0+\varepsilon} (1 - \tfrac{Z}{Z_0+\varepsilon}) N'_i(Z)^2 dZ \;=\; 0$$

Krümmungsbedingung:

$$\int\limits_{Z=0}^{Z_0+\varepsilon} (1 - \tfrac{Z}{Z_0+\varepsilon}) B''_X(Z)^2 \;=\; \sum_i P_{X,i} \int\limits_{Z=0}^{Z_0+\varepsilon} (1 - \tfrac{Z}{Z_0+\varepsilon}) N''_i(Z)^2 dZ \;=\; 0$$

Steigungsbedingungen:

$$\int\limits_{Z=0}^{Z_0+\varepsilon} (1 - \tfrac{Z}{Z_0+\varepsilon}) B'_{Y_r}(Z)^2 \;=\; \sum_i P_{Y_r,i} \int\limits_{Z=0}^{Z_0+\varepsilon} (1 - \tfrac{Z}{Z_0+\varepsilon}) N''_i(Z)^2 dZ \;=\; 0$$
$$\int\limits_{Z=0}^{Z_0+\varepsilon} (1 - \tfrac{Z}{Z_0+\varepsilon}) B'_{Y_l}(Z)^2 \;=\; \sum_i P_{Y_l,i} \int\limits_{Z=0}^{Z_0+\varepsilon} (1 - \tfrac{Z}{Z_0+\varepsilon}) N''_i(Z)^2 dZ \;=\; 0$$

Abweichungen von der Vorgabe 0 an allen Abtastpunkten, und nicht nur am Ursprung, resultieren in einem „Messfehler".

Durch die lineare Gewichtung mit $1 - \tfrac{Z}{Z_0+\varepsilon}$ haben Abweichungen in der Nähe der Fahrzeugposition einen größeren Einfluss.

Glattheitsbedingungen an die Splinefunktionen

Bei einer B-Splinefunktion ist der Einfluss eines Kontrollpunktes auf die Form der Kurve auf einen Abschnitt begrenzt. Dieser Bereich ist abhängig von der Form der Basisfunktionen und damit vom Grad der Funktionen. Gleiches gilt auch in umgekehrter Richtung in der hier beschriebenen Modellierung. Messungen des Straßenrandes haben nur lokalen Einfluss auf die Splinefunktion und damit nur auf wenige Kontrollpunkte. Durch Kurven oder Kuppen ist häufig der Sichtbereich stark eingeschränkt. Durch schwache Konturen kann der Straßenrand unter Umständen nur im Nahbereich detektiert werden. In diesen Fällen bleiben die weit entfernten Kontrollpunkte unbeeinflusst von Messungen und wären daher ohne weitere Bedingungen nicht beobachtbar. Um dennoch den Funktionsverlauf an dieser Stelle schätzen und den angenommenen glatten Verlauf gewährleisten zu können, werden Glattheitsbedingungen, *„Smoothness Constraints"*, eingeführt. Diese Glattheitsbedingungen werden im Horizontalen und Vertikalen gleichermaßen angewendet, sodass für die Kontrollpunkte allgemein P_i, $i = 0, \ldots, n-1$ verwendet wird. Im Fernbereich soll der Einfluss dieser Glattheitsbedingungen größer sein als im Nahbereich, da dort weniger Werte gemessen werden können und diese zudem unsicherer sind. Dies wird durch eine lineare Gewichtung $\frac{Z}{Z_{\max}}$ realisiert.

$$
\begin{aligned}
\text{Position:} \quad & \sum_i P_i \int \frac{Z}{Z_{\max}} N_i'(Z)^2 dZ &=& \quad 0 \\[1ex]
\text{Richtung:} \quad & \sum_i P_i \int \frac{Z}{Z_{\max}} N_i''(Z)^2 dZ &=& \quad 0 \\[1ex]
\text{Krümmung:} \quad & \sum_i P_i \int \frac{Z}{Z_{\max}} N_i'''(Z)^2 dZ &=& \quad 0
\end{aligned}
\tag{4.16}
$$

Der Einflussbereich dieser Glattheitsbedingungen wird auf den Bereich beschränkt, in dem keine Markierungs- beziehungsweise Straßenrandmessungen oder keine Höhenmessungen detektiert wurden, $[Z_{\mathrm{m}} - \varepsilon, Z_{\max}]$, wobei der Bereich durch ε geringfügig in den Messbereich ausgeweitet wird.

$$
\begin{aligned}
\text{Position:} \quad & \sum_i P_i \int_{Z=Z_{\mathrm{m}}-\varepsilon}^{Z_{\max}} \frac{Z}{Z_{\max}-(Z_{\mathrm{m}}-\varepsilon)} N_i'(Z)^2 &=& \quad 0 \\[2ex]
\text{Richtung:} \quad & \sum_i P_i \int_{Z=Z_{\mathrm{m}}-\varepsilon}^{Z_{\max}} \frac{Z}{Z_{\max}-(Z_{\mathrm{m}}-\varepsilon)} N_i''(Z)^2 &=& \quad 0 \\[2ex]
\text{Krümmung:} \quad & \sum_i P_i \int_{Z=Z_{\mathrm{m}}-\varepsilon}^{Z_{\max}} \frac{Z}{Z_{\max}-(Z_{\mathrm{m}}-\varepsilon)} N_i'''(Z)^2 &=& \quad 0
\end{aligned}
\tag{4.17}
$$

4.2. Dynamik

Das Referenzkoordinatensystem, in dem das Modell formuliert ist, liegt an der Position der Kamera im Fahrzeug projiziert auf die Straßenebene, siehe Abbildung 2.13. Durch die Bewegung des Fahrzeugs verändert sich die Position und Orientierung des Koordinatensystems relativ zur Welt, in der die tatsächliche Straße positioniert ist. Durch die Änderung des Koordinatensystem ist es notwendig, die modellierte Straße zu korrigieren. Ein dynamisches Fahrzeugmodell wird angewendet, um diese Veränderung zu beschreiben. Durch die Inertialsensorik ist sowohl die Geschwindigkeit v als auch die Gierrate $\dot{\psi}_{Fzg}$ des Fahrzeugs in hinreichender Genauigkeit bekannt.

4.2.1. Prädiktion

Die zeitliche Prädiktion des Zustandsvektors s_{t-1} vom Zeitpunkt $t-1$ zu t erfolgt unter Berücksichtigung der Eigenbewegung des Fahrzeugs.

Der laterale Versatz des Fahrzeugs zur Mitte des geschätzten Straßenverlaufs X_{offset} und der Gierwinkel $\Delta\psi$ ändern sich über die Zeit, wie bereits in [Dic86] beschrieben, durch

$$\dot{X}_{\text{offset}} = \Delta\psi \cdot v + v_x \tag{4.18}$$

$$\dot{\Delta\psi} = \dot{\psi}_{Fzg} - C_0 \cdot v. \tag{4.19}$$

Die Quergeschwindigkeit v_x des Fahrzeugs wird durch einen Schwimmwinkel verursacht. Dieser tritt auf, wenn die Bewegungsrichtung von der Fahrzeuglängsachse abweicht. Da ein großer Schwimmwinkel zu einem instabilen Fahrzustand führt, muss er bei gleichmäßigem Fahrverhalten gering sein. Die Änderung der lokalen Krümmung C_0 wird bestimmt durch die dritte Ableitung der Splinekurve.

$$\dot{C}_0 \;=\; B_X'''(0) \cdot v \tag{4.20}$$

Der Nickwinkel wird, wie in Abschnitt 3.3 beschrieben, außerhalb des Kalman Filters bestimmt. Der Korrekturwert $\Delta\alpha$ wird als sich nur langsam ändernd angenommen, genauso wie die geschätzte Differenz zur Einbauhöhe des Kamerasystems H_{offset}.

$$\dot{\Delta\alpha} \;=\; 0 \tag{4.21}$$

$$\dot{H}_{\text{offset}} \;=\; 0 \tag{4.22}$$

Die Veränderung des Rollwinkels θ ergibt sich aus der Änderung der Neigung der Straße $\Delta\tilde{\theta}$ innerhalb der gefahrenen Distanz $D = v \cdot \Delta t$.

$$\dot{\theta} = \Delta\tilde{\theta} = \tilde{\theta}(D) - \tilde{\theta}(0) \tag{4.23}$$

Analog zu Gleichung 4.15 wird der Neigungswinkel in einer Entfernung D bestimmt durch

$$\tilde{\theta}(D) = \operatorname{atan}\left(\frac{B_{Y_l}(D) - B_{Y_r}(D)}{W}\right). \tag{4.24}$$

Es wird angenommen, dass die Breite des Fahrstreifens beziehungsweise der Fahrbahn sich nur langsam ändert.

$$\dot{W} \;=\; 0 \tag{4.25}$$

Da sich die Geometrie der Straße im Weltsystem über die Zeit nicht
ändert, wird eine zeitlich konstante Modellierung der Straße angestrebt.
Die Kontrollpunkte werden lediglich entsprechend der Eigenbewegung des
Fahrzeugs prädiziert. Durch diese Prädiktion erfolgt eine Verschiebung der
Kontrollpunkte, sodass die modellierte Straße sich über die Zeit vom Fahr-
zeug entfernt und außerhalb des Sichtbereichs liegt. Dies kann durch zwei
Vorgehensweisen verhindert werden:

- Wird die Kurve durch die Prädiktion entlang der Fahrzeuglängsachse so verschoben, dass ein Kontrollpunkt die Fahrzeugposition pas-
  siert, so wird entsprechend der Bewegungsrichtung an einem Ende
  der Kurve ein neuer Kontrollpunkt aufgesetzt. Am entgegengesetzten
  Ende wird ein Punkt entfernt. Die Anzahl der Kontrollpunkte bleibt
  konstant und hinter dem Fahrzeug befindet sich immer genau ein
  Kontrollpunkt. Da der Abstand der Stützstellen in der Regel größer
  ist als die gefahrene Strecke D, wird die Kurve meist nur verschoben.
  Wird beim Vorwärtsfahren ein Punkt neu aufgesetzt, so wird dieser
  in einer großen Entfernung initiiert. Der Abstand zu der bisher geschätzten Kurve wird definiert durch den Abstand der Kontrollpunkte
  und ist in der Regel größer als die zurückgelegte Distanz D.

- Eine andere kontinuierliche Methode ist eine Neuabtastung, „*resampling*“, der Kurve in jedem Zeitschritt. Hierbei wird die Position der
  Kontrollpunkte in jedem Prädiktionsschritt so bestimmt, dass die
  Form des erneut beobachteten Kurvenabschnitts vor dem Fahrzeug
  erhalten bleibt, aber die Kontrollpunkte stets in konstanter Entfernung vor dem Fahrzeug liegen.

Sowohl beim Aufsetzen eines neuen Punktes als auch beim Abtasten
müssen Annahmen, wie gerader Straßenverlauf oder konstante Krümmung,
zur Positionierung des neuen Kontrollpunktes getroffen werden. Der Fehler, der sich für die Position ergibt, ist umso größer, je weiter die Distanz

ist, über die diese Annahmen getroffen werden. Durch das kontinuierliche „*resampling*" beschränkt sich die Distanz auf die gefahrene Strecke D, allerdings wird in jedem Zeitschritt neu abgetastet. In der ersten Methode wird eine solche Annahme nur beim Aufsetzen eines neuen Punktes gemacht, allerdings ist die Distanz, über die solche Kontinuitätseigenschaften angenommen werden, größer.

4.2.2. Resampling

Da die Unsicherheiten durch das kontinuierliche Abtasten gleich bleiben, wird die zweite Methode verwendet und im Folgenden näher erläutert.

Durch das „*resampling*" wird realisiert, dass der Abstand der Kontrollpunkte zum Fahrzeug sich nicht verändert. Hierzu ist eine Adaption der Kontrollpunkte notwendig, die allerdings nicht auf der Kurve liegen. Somit ist eine einfache Verschiebung dieser im Weltkoordinatensystem entsprechend der Eigenbewegung nicht zielführend. Stattdessen werden die Übergangspunkte zwischen den Polynomabschnitten, die in Kapitel 3.6 eingeführt werden, entsprechend der Inertialbewegung neu bestimmt und anhand dieser dann die neuen Kontrollpunkte berechnet.

Das Abtasten eines kubischen Spline wird folgendermaßen realisiert:

- Berechnung der Übergangspunkte K_i von zwei Polynomsegmenten durch

$$K_i = B_x (i \cdot m) \quad i = 0...n-3 \tag{4.26}$$

hierbei ist $m = \frac{z_{\max}}{n-d+1}$, wobei n die Anzahl der Stützstellen und d die Ordnung des Splines bezeichnen.

- Prädiktion der Übergangspunkte K_i auf der Kurve anhand der gefahrenen Strecke $v \cdot \Delta t$.

$$\hat{K}_i = B_x (i \cdot m + v \cdot \Delta t). \tag{4.27}$$

Der letzte Übergangspunkt, der mit dem letzten Kontrollpunkt übereinstimmt, wird entsprechend der Ableitungen in diesem Punkt prädiziert.

- Berechnung der neuen Kontrollpunkte $\hat{P}_i$ anhand der prädizierten Übergangspunkte $\hat{K}_i$. Da die Anzahl der Kontrollpunkte um zwei größer ist als die der Übergangspunkte, sind zwei zusätzliche Bedingungen erforderlich. Diese werden durch die Tangentenvektoren am ersten und letzten Übergangspunkt, T_0 und T_{n-1}, bestimmt.

$$
\begin{aligned}
T_0 &= \sum_i P_i N_i'(v \cdot \Delta t) \\
\hat{K}_i &= \sum_i P_i N_i(i \cdot m + v \cdot \Delta t) \\
T_{n-1} &= \sum_i P_i N_i'((n-1)m + v \cdot \Delta t)
\end{aligned}
\tag{4.28}
$$

In Matrixform geschrieben ergibt sich hierfür

$$
k = \begin{bmatrix} T_0 & \hat{K}_0 & \cdots & \hat{K}_{n-3} & T_{n-1} \end{bmatrix}^T = M p
$$

$$
\text{mit } p = \begin{bmatrix} P_0 & \cdots & P_{n-1} \end{bmatrix}^T
\tag{4.29}
$$

$$
\text{und } M = \begin{bmatrix}
-3 & 3 & 0 & 0 & 0 & 0 & \cdots & 0 & 0 \\
1 & 0 & 0 & 0 & 0 & 0 & \cdots & 0 & 0 \\
0 & \frac{1}{4} & \frac{7}{12} & \frac{1}{6} & 0 & 0 & \cdots & 0 & 0 \\
0 & 0 & \frac{1}{6} & \frac{2}{3} & \frac{1}{6} & 0 & \cdots & 0 & 0 \\
\vdots & & & \ddots & \ddots & \ddots & & \vdots \\
0 & 0 & \cdots & 0 & \frac{1}{6} & \frac{2}{3} & \frac{1}{6} & 0 & 0 \\
0 & 0 & \cdots & 0 & 0 & \frac{1}{6} & \frac{7}{12} & \frac{1}{4} & 0 \\
0 & 0 & \cdots & 0 & 0 & 0 & 0 & 0 & 1 \\
0 & 0 & \cdots & 0 & 0 & 0 & 0 & -3 & 3
\end{bmatrix}.
$$

Die Matrix M ist zeitlich konstant und muss nicht zur Laufzeit berechnet werden. Die Kontrollpunkte $\hat{P}_i$ werden durch $\hat{p} = M^{-1}k$ bestimmt.

4.3. Diskussion

Wie in Abschnitt 4.1.2 erwähnt, ist die Modellierung des horizontalen Straßenverlaufs anhand einer B-Splinefunktion in der Lage, die Position und Orientierung der Straße relativ zum Fahrzeug und die Krümmung der Straße zu beschreiben. Trotzdem werden in dem in dieser Arbeit eingeführten Modell diese Parameter zusätzlich durch X_{offset}, $\Delta\psi$ und C_0 beschrieben.

Durch diese zusätzlichen Parameter kommt es zu Mehrdeutigkeiten, deren Behandlung ebenfalls in Abschnitt 4.1.2 beschrieben ist, was aber erst durch die Einführung dieser Parameter erforderlich wurde.

Ein Grund für die Beibehaltung dieser aus dem Klothoidenmodell stammenden Parameter ist die dynamische Modellierung. Die Gierrate des Fahrzeug geht direkt in die zeitliche Veränderung des Gierwinkels $\Delta\psi$ ein, von dem der laterale Versatz X_{offset} zeitlich bedingt ist. Zusätzlich zur Gierrate geht die Krümmung in die Dynamik des Gierwinkels ein, sodass diese Parameter von der Beschreibung anhand der Splinefunktion separiert wurden.

Allerdings lässt sich der laterale Versatz der Straße relativ zum Fahrzeug, durch die Lage des ersten Splinekontrollpunktes beschreiben. Die Orientierung der Straße zum Fahrzeug wird durch die Tangente der Splinefunktion an dieser Position beschrieben. Die Tangente wird bestimmt durch die Verbindungsgerade zwischen den ersten zwei Kontrollpunkten. Die Veränderung der Lage der Straße zum Fahrzeug aufgrund der Fahrzeugbewegung ließe sich demnach über die gleiche dynamische Beschreibung, bezogen auf die zwei ersten Kontrollpunkte, erzielen.

Ein weiterer Grund für die zusätzliche Modellierung der drei Parameter liegt an der Möglichkeit, situationsbedingt zwischen den beiden Modellen, dem Klothoidenmodell und dem Splinemodell, umzuschalten. Dies ist aufgrund der separaten Schätzung dieser drei Parameter theoretisch ohne

Qualitätseinbrüche möglich. Wird anhand der Splinefunktion erkannt, dass eine Modellierung durch die Klothoidenparameter ausreichend ist, so ist eine Schätzung durch das komplette Modell nicht erforderlich und das vereinfachte Modell wird bedient. Dies ist auf Autobahnen und autobahnähnlichen Schnellstraßen der Fall. Anderseits kann bei der Abfahrt von der Autobahn die Splinefunktion hinzugeschaltet werden, ohne dass die Klothoidenparameter, die den Straßenverlauf an der Fahrzeugposition beschreiben, unstetig geändert werden müssen.

Der prädizierte Zustandsvektor wird im Korrekturschritt durch Messungen des Straßenrandes und durch Höhenmessungen der Straßenoberfläche korrigiert, die im folgenden Kapitel beschrieben werden.

5. Straßenmessungen

Die Schätzung des prädizierten dreidimensionalen Straßenverlaufs erfolgt zum einen anhand von Punktmessungen aus den Bilddaten, zum anderen durch die in Kapitel 4.1.2 eingeführten Bedingungen.

Die Informationen über den dreidimensionalen Straßenverlauf werden als Punktmessungen aus den Kamerabildern und dem anhand des in Abschnitt 3.2 beschriebenen SGM-Stereoverfahrens berechneten Disparitätsbild extrahiert. Die Punktmessungen resultieren aus der Bestimmung des korrespondierenden Punkts im aktuellen Zeitschritt zu einem Punkt auf den prädizierten Straßenrändern. Als begrenzende Merkmale werden die Fahrbahnmarkierungen oder die Kante der Fahrbahn herangezogen. Die Detektion von Fahrbahnmarkierungen wird in Abschnitt 3.5, die Verwendung der detektierten Messungen in Abschnitt 5.1 beschrieben. Die Erkennung des Fahrbahnrandes beschreibt Abschnitt 5.2, in dem ebenfalls auf die auftretenden Probleme eingegangen wird.

Auch die Höhenmessungen gehen punktweise in die Straßenverlaufsschätzung ein. Die Bestimmung der Höhe des linken und rechten Fahrbahnrandes wird in Abschnitt 5.3 beschrieben. Die Problematik der punktweisen Zuordnung von Messungen zu einer prädizierten Kurve zeigt Abschnitt 5.4.

In Abschnitt 5.5 wird die Gewichtung der einzelnen Messungen beschrieben, die so realisiert wurde, dass Ausreißer nicht beziehungsweise nur wenig in die Straßenverlaufsschätzung eingehen.

5.1. Messungen der Fahrbahnmarkierungen

Da die Fahrbahnmarkierung ein eindeutiges Merkmal des Straßen- beziehungsweise des Fahrstreifenrandes ist, stellt diese auch in der hier dargelegten Arbeit das Hauptmerkmal zur Bestimmung des horizontalen Straßenverlaufs dar. Das in Abschnitt 3.5 beschriebene Detektionsverfahren, in dem ein gerichteter Gradient bestimmt wird, führt in stark strukturierten Bereichen, wie Grasflächen oder nicht homogenen Asphaltflächen, zu Fehlmessungen, die durch eine Strukturverifikation vermieden werden. Während sich Markierungen durch gerichtete Kanten auszeichnen, weisen strukturierte Flächen Ecken auf. Eine Differenzierung ist anhand des Strukturtensors möglich. Durch die Eigenwerte des Strukturtensors G über einen bestimmten Bereich F aus Gleichung 5.1 kann eine Aussage getroffen werden, ob eine Ecke, eine Kante oder eine homogene Fläche vorliegt.

$$
\begin{aligned}
G &= \frac{1}{N}\sum_{F}\begin{pmatrix} I_u^2 & I_u I_v \\ I_u I_v & I_v^2 \end{pmatrix} \\
\nabla I &= (I_u, I_v) = \left(\frac{\partial I}{\partial u}, \frac{\partial I}{\partial v}\right) \\
|\nabla I| &= \sqrt{I_u^2 + I_v^2}
\end{aligned}
\tag{5.1}
$$

Sind beide Eigenwerte klein, so sind die Grauwerte in diesem Bereich homogen. Sind beide Eigenwerte groß, beschreibt die Struktur eine Ecke, die bei dem Kanade-Lucas-Tomasi Feature Tracker [Tom91] verwendet wird. Ist ein Eigenwert klein $\lambda_{\min}$ und der andere groß $\lambda_{\max}$, so liegt eine Kante vor.

Eine detektierte Markierung wird verworfen, wenn $\lambda_{\max} = 0$ ist oder der Quotient von $\lambda_{\min}$ und $\lambda_{\max}$ über einem Schwellwert τ liegt.

$$
\frac{\lambda_{\min}}{\lambda_{\max}} > \tau
\tag{5.2}
$$

In den Abbildungen 5.1 - 5.3 werden anhand einer Straßensituation die einzelnen Bilder gezeigt und evaluiert. In Abbildung 5.1 sind das ursprüngliche Kamerabild, das Gradientenbild und die beiden Eigenwertbilder dargestellt. In den beiden letzten werden zu jedem einzelnen Bildpunkt die Werte von λ_{min} beziehungsweise von λ_{max} eingetragen.

Das Ergebnis aus der Quotientenberechnung für jeden einzelnen Bildpunkt aus dem zugehörigen λ_{min} und λ_{max} ist in Abbildung 5.2 dargestellt. Sowohl bei homogenen Flächen als auch an Kanten treten kleine Werte auf. In stark strukturierten Bereichen ist der Wert höher.

Anhand der Histogramme in Abbildung 5.3 ist die Verteilung der Werte aus der Quotientenbildung in unterschiedlichen Bereichen dargelegt. Sind Kanten in dem ausgewerteten Bereich, so treten viele Werte unter 0,025 auf. Nicht so bei einem Bereich, in dem ausschließlich die homogene Fläche der Fahrbahn enthalten ist. Um zu gewährleisten, dass möglichst wenig korrekte Messungen oberhalb des Schwellwertes liegen, wird $\tau = 0,05$ gesetzt.

Eine andere Möglichkeit, um die Informationen des Strukturtensors in eine Kantenauswertung einzubeziehen, wird von Mattern et al. [Mat10] eingesetzt. Hierbei wird das von Jähne in seinem Grundlagenbuch [Jä97] dargelegte Kohärenzmaß c_c für die lokale Orientierung verwendet.

$$c_c = \frac{\lambda_{\mathrm{max}} - \lambda_{\mathrm{min}}}{\lambda_{\mathrm{max}} + \lambda_{\mathrm{min}}} \tag{5.3}$$

Im Falle einer Kante, nach Jähne eine isotrope Grauwertstruktur, ist $c_c = 0$, während bei einer linearen Orientierung, also einer idealen Kante, der Wert 1 angenommen wird.

5.2. Detektion des Fahrbahnrandes

Sind keinerlei Markierungen vorhanden, so ist die Asphaltkante der Fahrbahnoberfläche zu detektieren. Allerdings stellt diese kein starkes Merkmal dar, das eindeutig in einem Kamerabild detektiert werden kann.

(a) Kamerabild: Straßenszene mit deutlicher Markierung und strukturiertem Randbereich.

(b) Betragsgradientenbild: Der strukturierte Randbereich neben der Straße weist, neben der Markierung, ebenfalls hohe Gradientenwerte auf.

(c) größerer Eigenwert: Durch die Eigenwerte des Strukturtensors lassen sich Ecken von Kanten unterscheiden. Wird der größere der beiden Eigenwerte dargestellt, so heben sich Straßenmarkierung und andere Kanten von Flächen mit uneinheitlicher Struktur ab.

(d) kleinerer Eigenwert: Der kleinere der beiden Eigenwerte ermöglicht die Detektion von Ecken. Bei Kanten und einheitlichen Flächen ist dieser Wert klein.

Abb. 5.1.: Straßenszene mit deutlicher Markierung und strukturiertem Straßenrand: Neben dem Gradienten werden auch die beiden Eigenwerte des Strukturtensors zur Detektion einer Kante herangezogen.

Abb. 5.2.: Detektion von Kanten: Bei einer Kante ist der kleinere Eigenwert des Strukturtensors nahe Null, der größere hat einen hohen Wert. Der Quotient aus dem kleineren durch den größeren Eigenwert nimmt dort sehr kleine Werte an, bei anderen Strukturen treten größere Werte auf.

In Abbildung 5.4 ist eine Situation dargestellt, in der die Straßenmarkierung durch ein nachträgliches Auffüllen des Straßenrandes mit Asphalt verdeckt wurde. Sowohl die Kanten der Markierung zu den verschiedenen Asphaltschichten als auch der Rand der Ausbesserung zeigen im Gradientenbild eine Kante an.

Im Gegensatz dazu ist in Abbildung 5.5 die Fahrbahnkante links nur sehr schwach zu erkennen. Die Graskante hinter der Leitplanke weist einen höheren Betragsgradientenwert auf.

Aus diesem Grund wurde in dieser Arbeit ein probabilistischer Ansatz zur Detektion des Fahrbahnrandes angewendet. Orthogonal zum prädizierten Straßenverlauf in der Welt wird für jede Bildzeile im Sichtbereich eine Linie ins Bild projiziert, deren Länge durch den 3σ-Bereich definiert ist. Für jedes Pixel $q = (u,v)$ auf der Linie wird eine Likelihood $p(z|q)$ bestimmt, mit der dieses Pixel bei gegebener Messung z den Fahrbahnrand beschreibt.

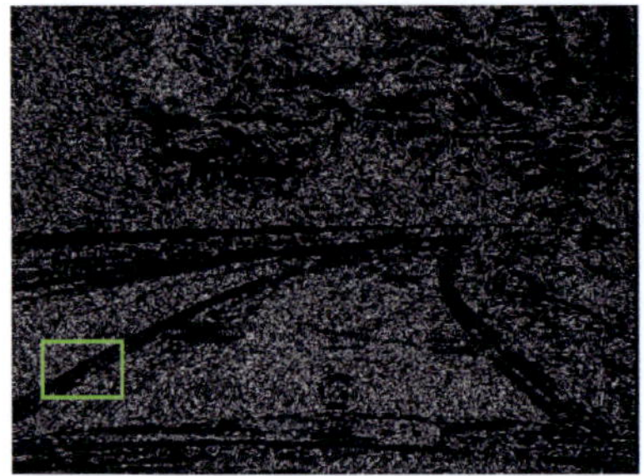

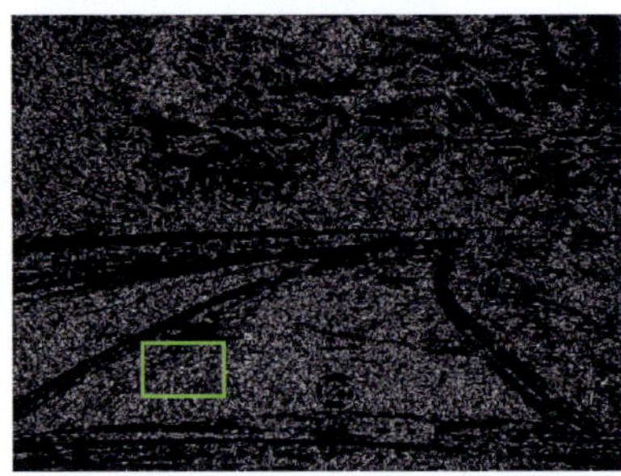

(a) Auswertebereich im Quotientenbild: Der ausgewertete Bereich, grün markiert, enthält deutliche Kanten.

(b) Auswertebereich im Quotientenbild: Ausschließlich homogene Fahrbahn ist in dem grün umrandeten Bereich enthalten.

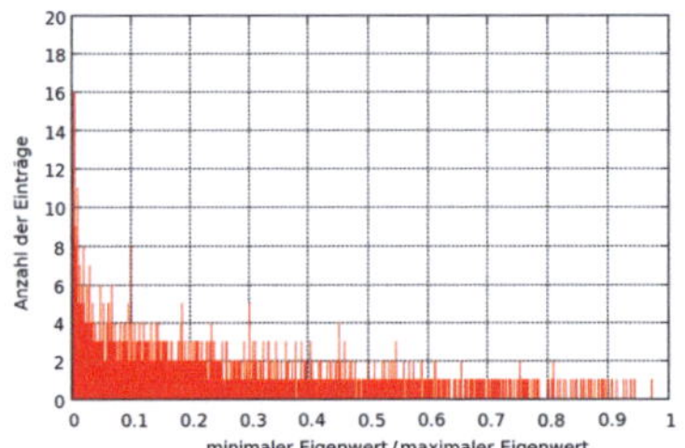

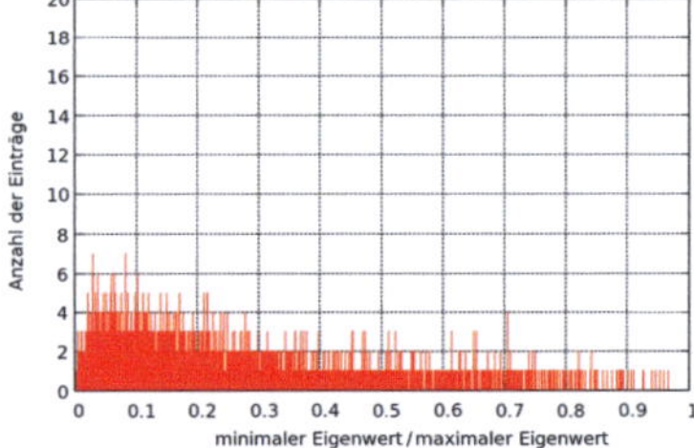

(c) Histogramm: Im Bereich unter 0,025 ist eine deutliche Spitze zu erkennen.

(d) Histogramm: Die Spitze im Abschnitt unter 0,025 tritt hier nicht auf. Die Werte sind gleichmäßiger verteilt.

Abb. 5.3.: Evaluation des Quotientenbildes aus den beiden Eigenwerten des Strukturtensors: Anhand zweier unterschiedlicher Auswertebereiche ist die Verteilung bei dem Auftreten beziehungsweise dem Fehlen von Kanten im betrachteten Bildbereich dargestellt.

| Kamerabild | Betragsgradientenbild |

Abb. 5.4.: Landstraße mit Ausbesserungen: Der rechte Straßenrand ist anhand des Bildes nur schwer zu bestimmen. Straßenausbesserungen in Form einer erweitertenden Asphaltfläche generieren ebenso Kanten, wie der Abschluss der Fahrbahn.

| Kamerabild | Betragsgradientenbild |

Abb. 5.5.: Straße ohne Markierung: Der linke Rand der Fahrbahn ist auch im Gradientenbild nur schwach zu erkennen. Deutlicher ist die Graskante hinter der Leitplanke.

Die Likelihood wird in Abhängigkeit von verschiedenen Eigenschaften bestimmt, die alle einen Hinweis auf den Straßenrand geben. Der Bildpunkt mit der höchsten Likelihood wird als identifizierter Straßenrand angenommen.

- Der **Betragsgradient** stellt ein Merkmal für den Straßenrand dar, da dieser in der Regel durch den Abschluss der Asphaltfläche eine deutliche Kante im Bild darstellt. Er wird mit dem Sobel-Operator berechnet. Je größer der Wert des Betragsgradienten ist, desto eher beschreibt der betrachtete Bildpunkt q den Straßenrand. Hierzu wird der Wert des Betragsgradienten $|\nabla q|$ durch den maximalen Betragsgradientenwert $|\nabla_{\max}|$ in dem betrachteten Bereich geteilt. Der maximale Betragsgradient muss zusätzlich über einem Schwellwert liegen.

$$p(z_0|q) = p(|\nabla q||q) = \frac{1}{c_g} \frac{|\nabla q|}{|\nabla_{\max}|} \qquad (5.4)$$

Die Normierung wird durch die Konstante c_g gewährleistet.

- Anhand der **Richtung des Gradienten** lassen sich Kanten, die eher nicht der erwarteten Richtung entsprechen, wie zum Beispiel quer verlaufende Schatten oder Asphaltkanten, weniger gewichten. Die Richtung des Gradienten sollte orthogonal zum prädizierten Straßenverlauf sein.

Die erwartete Richtung des Gradienten $\gamma_{\text{präd}}$ in der Bildzeile wird über die Steigung des prädizierten Straßenverlaufs im Bild bestimmt. Die Richtung des Gradienten im Bildpunkt q ist $\gamma_q = \tan^{-1}\left(\frac{\partial I}{\partial v} / \frac{\partial I}{\partial u}\right)$. Anhand der Winkeldifferenz $\Delta\gamma = \gamma_q - \gamma_{\text{präd}}$ wird über eine $\cos^{2n}(\Delta\gamma)$-Funktion, normiert mit c_{dg}, eine Likelihood bestimmt. Mit dem Parameter n, der aus der Menge der natürlichen Zahlen ist, lässt sich die Gewichtung einstellen. Je kleiner der Wert für n gewählt wird, desto

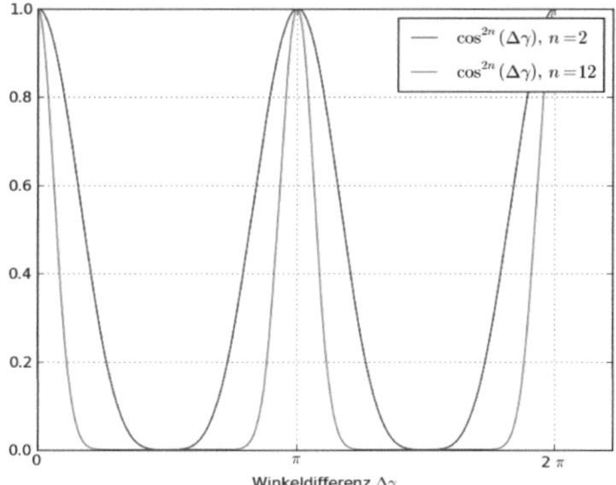

Abb. 5.6.: Funktion zur Bewertung der Winkeldifferenz: An den Stellen $0, \pi \equiv 180°$ und $2\pi \equiv 360°$ wird der Wert 1 angenähert. Der Parameter n bestimmt die Steilheit der Funktion.

flacher ist der Funktionsverlauf, was in Abbildung 5.6 veranschaulicht ist.

$$p(z_1|q) = p(\Delta\gamma|q) = \frac{1}{c_{\mathrm{dg}}} \cos^{2n}(\Delta\gamma) \qquad (5.5)$$

- Die **Struktur** an einem speziellen Bildpunkt wird über den Strukturtensor bestimmt. Um den Einfluss ungerichteter Ecken mit einem hohen Gradienten, der unter Umständen auch eine relevante Richtung aufweist, abzuschwächen, wird die Struktur über die Eigenwerte des Strukturtensors, Gleichung 5.1, hinzugezogen. Ist der Eigenwert λ_{min} klein und der andere λ_{max} groß, so liegt eine Kante vor, die mit einer höheren Wahrscheinlichkeit dem Straßenrand zugehörig ist. Diese Likelihood kann beschrieben werden anhand des Quotienten zwischen dem kleineren und dem größeren Eigenwert, normiert durch die Konstanten c_{s}.

$$p(z_2|q) = p(\lambda_{\mathrm{min}}, \lambda_{\mathrm{max}}|q) = \frac{1}{c_{\mathrm{s}}} \left(1 - \frac{\lambda_{\mathrm{min}}}{\lambda_{\mathrm{max}}} \right) \qquad (5.6)$$

Bei stark strukturierten Flächen, z. B. Gras oder einer strukturierten Asphaltfläche, lassen sich so einzelne Falschmessungen ausschließen.

- Durch die Hinzunahme der **Entfernung** zwischen dem prädizierten Straßenverlauf und dem Bildpunkt q, Δq, wird eine Präferenz der nächstgelegenen Bildpunkte realisiert. Je näher ein Bildpunkt an der prädizierten Position liegt, desto wahrscheinlicher ist dies auch der tatsächliche Straßenrand. Die Entfernung, normiert über die halbe Größe des Betrachtungsbereichs $b_s(L)$, geht über eine Gaußfunktion in die Bestimmung der Likelihood ein.

$$p(z_3|q) = p(\Delta q|q) = \frac{1}{c_d}e^{-\frac{(\Delta q)^2}{2(b_s(L)/2)^2}} \tag{5.7}$$

Hierbei stellt c_d die Normierungskonstante dar.

Unter der Annahme, dass die Merkmale unabhängig voneinander sind, kann aus den einzelnen Likelihoods über eine Produktbildung die Likelihood, mit der ein Bildpunkt den Straßenrand repräsentiert, gebildet werden.

$$p(z|q) = \prod_{i=0}^{3} p(z_i|q) \tag{5.8}$$

Die Annahme der Unabhängigkeit zwischen den einzelnen Merkmalen ist nicht ganz korrekt. Der Betrag des Gradienten ist unabhängig von dessen Richtung und auch die Likelihood, berechnet aus der Struktur, ist unabhängig von der richtungsbestimmten. Allerdings gilt dies nicht in Bezug auf Struktur und Betrag des Gradienten. Die Likelihood eines Bildpunktes ist aufgrund des Betragsgradienten nur dann hoch, wenn auch die Likelihood aufgrund der Struktur hoch ist, vergleiche Abbildung 5.1 und Abbildung 5.2.

Da die Bildposition gänzlich unabhängig von der Bildinformation evaluiert wird, ist keine Abhängigkeit mit den anderen Merkmalen gegeben.

Obwohl eine Abhängigkeit zwischen Struktur und Betragsgradient gegeben ist, wird diese vernachlässigt und die Produktbildung zur Bestimmung der Gesamtlikelihood herangezogen.

Nur Messungen mit einer Gesamtlikelihood größer als 0,7 werden zur Straßenverlaufsbestimmung verwendet.

5.3. Detektion der Straßenhöhe und -neigung

Eine einfache Form der Akquirierung von Höhenmessungen ist eine Berechnung der Höhe des detektierten Straßenrandes aus den Bildkoordinaten und dem Disparitätswert an dieser Stelle. Mit der Bildzeile und der Disparität lässt sich, mit Gleichung 3.4 aus Abschnitt 3.1, die Höhe zu diesem Bildpunkt bestimmen und als Messung im Kalman Filter verwenden.

Allerdings gibt dieser Messpunkt nur eine Aussage über die Höhe des Straßenrandes, die Straßenoberfläche wird hierbei nicht berücksichtigt. Bei einer Begrenzung der Straße durch erhabene Objekte wie Bordsteine, Baken oder Betonbarrieren, würde diese punktweise Messung zu einem Fehler in der Höhenschätzung der Straße resultieren, was in Abbildung 5.7a durch den Bordstein verdeutlicht wird.

Das Ergebnis des SGM-Stereoalgorithmus ist ein dichtes Disparitätsbild, das auch Disparitätsmessungen auf einer relativ homogenen Straßenoberfläche liefert. Diese Eigenschaft wird genutzt, um nicht nur Messungen entlang der Straßenkante, sondern auch Messungen der gesamten Straßenoberfläche in die Höhen- und Neigungsschätzung des Straßenverlaufs einzubeziehen. Dies führt zu einer besseren Höhenschätzung, wie in dem Resultat in Abbildung 5.7b gezeigt wird.

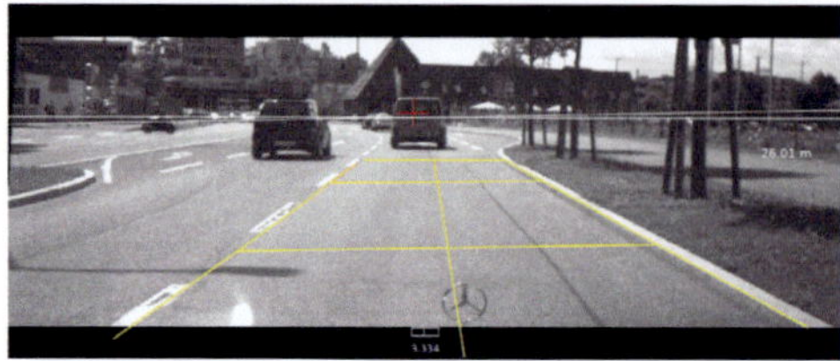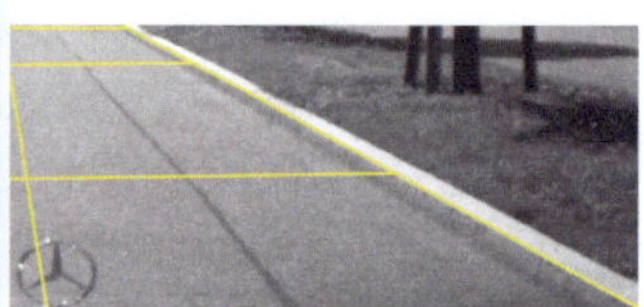

(a) Höhenmessungen entlang des Straßenrandes: Da der Straßenrand auf dem Bordstein liegt, wird eine Erhöhung der rechten Seite und damit eine Straßenquerneigung detektiert.

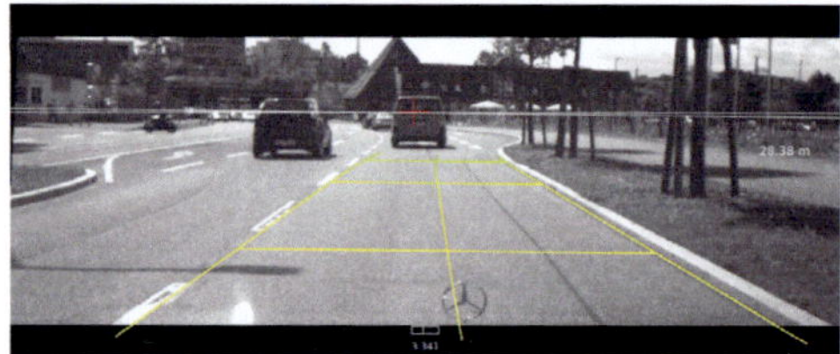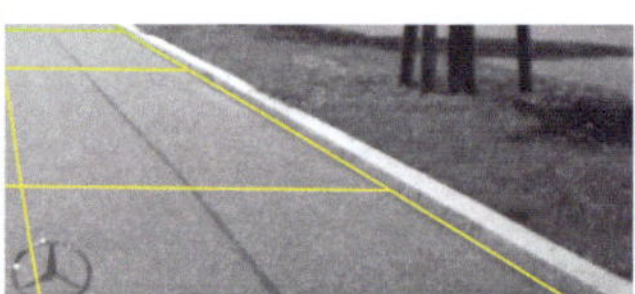

(b) Höhenmessungen aus der Straßenfläche: Durch die Einbeziehung der gesamten Straßenoberfläche wird eine korrekte ebene Straße detektiert. Die Kante liegt genau am Fuß des Bordsteins.

Abb. 5.7.: Ergebnisse der dreidimensionalen Straßenverlaufsschätzung: Im ersten Resultat werden die Höhenmessungen ausschließlich aus dem Rand verwendet, wogegen im zweiten die gesamte Straßenoberfläche einbezogen wird.

Dies wurde folgendermaßen realisiert:

- Orthogonal zur Straßenmittellinie im Weltkoordinatensystem wird pro Bildzeile eine Linie über die Straßenbreite bestimmt. In Abbildung 5.8a wurde exemplarisch eine solche Linie, zusammen mit dem prädizierten Straßenverlauf, in der Vogelperspektive dargestellt.

- Diese Linie wird in das Disparitätsbild projiziert, siehe Abbildung 5.8b, und die Werte entlang der Zeile betrachtet.

- Liegen die gemessenen Disparitätswerte außerhalb des 3σ-Bereichs um die erwarteten Disparitätswerte der projizierten Linie im Bild,

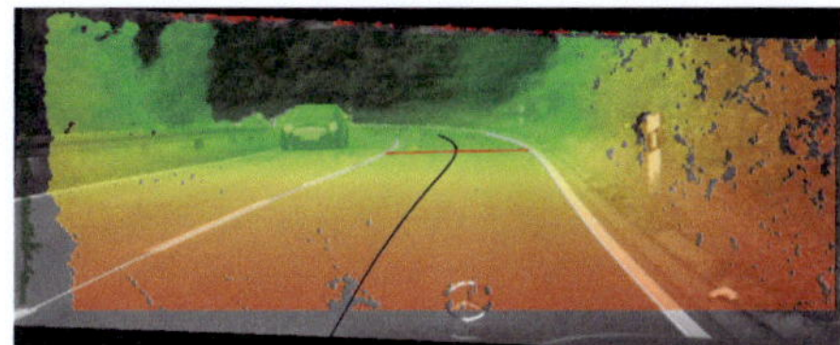

(b) Die ausgewählte Linie wird in das Disparitätsbild projiziert.

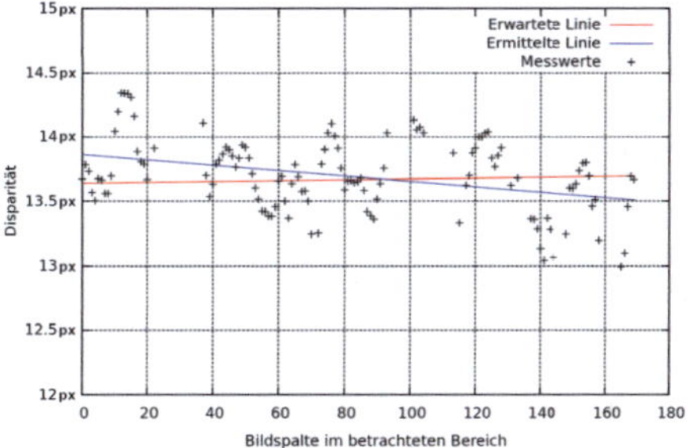

(c) Anhand der Disparitätswerte entlang der Linie
wird eine neue Linie bestimmt, deren Randwerte
als Messwerte verwendet werden.

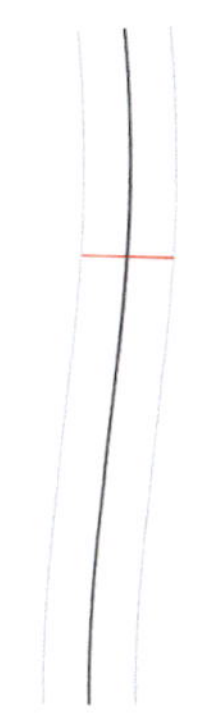

(a) Der Straßenverlauf in Weltkoordinatensystem aus der Vogelperspektive: Eine Linie orthogonal zur Mittellinie wird
aufgestellt.

Abb. 5.8.: Bestimmung der Höhenmessungen aus der Straßenfläche: Für jede Bildzeile entlang der projizierten Straßenmittellinie im Bild wird eine Linie
orthogonal zur Mittellinie in Welt aufgesetzt und Disparitätsmessungen
anhand dieser Linie evaluiert.

werden sie verworfen. Die Werte innerhalb des Bereichs werden verwendet, um anhand eines „*Least Square Line Fitting*" Disparitätsmesswerte für den rechten und linken Straßenrand zu bestimmen. In
Abbildung 5.8c ist das Ergebnis für die ausgewählte Linie dargestellt.
Die schwarzen Kreuze sind die ausgewählten Disparitätswerte entlang der Linie, die rote Linie ist die prädizierte Straßenquerneigung,
die blaue das ermittelte Resultat.

Durch dieses Vorgehen können Fehler durch Bordsteine und ähnliche
Gegebenheiten verhindert werden, doch in anderen Situationen führt die

Abb. 5.9.: Problemsituation durch Stereovermessung: Die Reflexionen auf der Straße werden als weiter entfernt und tiefer als die Straßenoberfläche bestimmt.

Einbeziehung der gesamten Straßenoberfläche zu Schwierigkeiten. Solche Situationen treten beispielsweise bei Reflexionen auf. Schon bei einer trockenen Fahrbahnoberfläche können sich, wie links in Abbildung 5.9 zu sehen, die Lichter der Scheinwerfer von entgegenkommenden Fahrzeugen in der Straßenoberfläche spiegeln. In diesen Bereichen wird die Höhe und Entfernung der Reflexion, und nicht der reflektierenden Oberfläche gemessen, und so korrekterweise als tief und weit weg bestimmt, was auch im Disparitätsbild in Abbildung 5.9 deutlich zu erkennen ist. Dadurch kommt es in der Höhenschätzung der Straße zu Fehlern, die erst durch eine erweiterte Ausreißereleminierung weitgehend verhindert werden können.

In einer Entfernung ab 20 m liegen die Messungen der Reflexionen noch im 3σ-Bereich, sodass sie als gültige Messungen aufgefasst werden. Aus diesem Grund wird ein iteratives *„Least Square Line Fitting"* eingesetzt. Die bisherigen Schritte werden durch die folgenden ergänzt:

- Die Disparitätwerte im σ-Bereich um die geschätzte Linie werden zu einem weiteren *„Line Fitting"* herangezogen.

- Nur wenn mehr als 60% der Disparitätswerte einer Zeile das Resultat unterstützen, werden die bestimmten Disparitätsmesswerte für den rechten und linken Straßenrand verwendet.

Anhand der Disparitätsmesswerte und der Bildzeilen wird mit Gleichung 3.4 jeweils eine Höhenmessung für den rechten und linken Straßenrand bestimmt und im Kalman Filter verwendet.

Das Messrauschen ist im Messraum, dem Bild, definiert, sodass durch eine Transformation von Bild- in Weltkoordinaten und eine Fehlerfortpflanzung das Messrauschen für die Höhenmessung zu berechnen ist. Die Varianz σ_Y^2 in der Höhe im Weltkoordinatensystem setzt sich zusammen aus der Varianz der Stereomessung in der Höhe σ_y^2 und der Entfernung σ_z^2 im Kamerakoordinatensystem, die über den Nickwinkel der Kamera α Einfluss auf die Unsicherheit in der Höhe haben.

$$\sigma_Y^2 = \sigma_y^2 + \tan^2(\alpha)\sigma_z^2 \tag{5.9}$$

Die Varianzen der Stereomessungen in Kamerakoordinaten sind abhängig von der Höhe y und der Entfernung z des angemessenen Punktes und lassen sich durch die Gleichungen 5.10 und 5.11 berechnen [Bad08].

$$\sigma_y^2 = \frac{z^2}{B^2 f_u^2}\sigma_d^2 z^2 \tag{5.10}$$

$$\sigma_z^2 = \frac{z^2}{B^2 f_u^2}\left(y^2\sigma_d^2 + \left(\frac{f_u}{f_v}\right)^2 B^2\sigma_v^2\right) \tag{5.11}$$

Die Messvarianzen im Bild werden beschrieben durch σ_d^2 für die Disparität und σ_v^2 für die Bildzeile.

5.4. Zuordnung von Messungen

Das entwickelte Straßenmodell beschreibt den dreidimensionalen Verlauf als eine Funktion über die Entfernung. Bei Messungen des lateralen Straßenrands oder der vertikalen Straßenhöhe, kann die Zuordnung über die prädizierte Entfernung erfolgen. Allerdings ist diese Art der Zuordnung, gerade bei engen Kurven oder deutlichen Steigungen, fehlerhaft.

Durch die Disparität an der Bildposition einer Messung beziehungsweise dem durch das „*Line Fitting*" bestimmten Disparitätswert ist eine Entfernung gegeben. In den beschriebenen Situationen weicht diese von der prädizierten Entfernung ab. Ein besseres Schätzergebnis wird erzielt durch die Zuordnung einer Messung zum prädizierten Straßenverlauf unter Verwendung der gemessenen Entfernung.

Skizziert wird dies in Abbildung 5.10. Hier wird ein vertikaler Straßenverlauf im Profil dargestellt. Ein prädizierter und ein tatsächlicher Straßenverlauf werden durch einen Strahl geschnitten. Der gemessene Punkt auf der tatsächlichen Straßenoberfläche wird dem durch den Sehstrahl definierten Korrespondenten auf dem prädizierten Verlauf zugewiesen, Abbildung 5.10a. Dies führt zu einer fehlerhaften Höhendifferenz. Die Zuordnung anhand der gemessenen Entfernung resultiert in einer korrekten Höhendifferenz, siehe Abbildung 5.10b.

Gerade die Entfernung ist der Faktor in der Stereovermessung, der mit dem größten Messrauschen behaftet ist. Die Verwendung der Disparität als Messwert anstelle der Höhe wäre naheliegend. Allerdings ist dies bei der Formulierung des Modells als Funktion über die Entfernung nicht möglich.

5.5. Behandlung von Ausreißern in den Messungen

Um den Einfluss von Ausreißern zu verringern, wurde ein M-Estimator mit der Huber-Funktion, beschrieben in Abschnitt 3.8, realisiert. Da die Huber-Funktion nicht beschränkt ist, werden zunächst Messungen nur innerhalb eines n-σ-Bereichs ermittelt und berücksichtigt. Die Straßenmarkierung ist im Gegensatz zu einer Kante eindeutig, sodass der n-σ-Bereich der Markierungsdetektion weiter gefasst wird. Markierungen im Fernbereich werden so auch in einem größeren Abstand zum prädizierten Straßenverlauf detektiert. Kanten, die nicht eindeutig den Straßenrand beschreiben, werden nur innerhalb eines engen n-σ-Bereichs evaluiert.

Der n-σ-Bereich wird bestimmt durch die Residuenkovarianzmatrix S, beschrieben in Abschnitt 3.7.1.

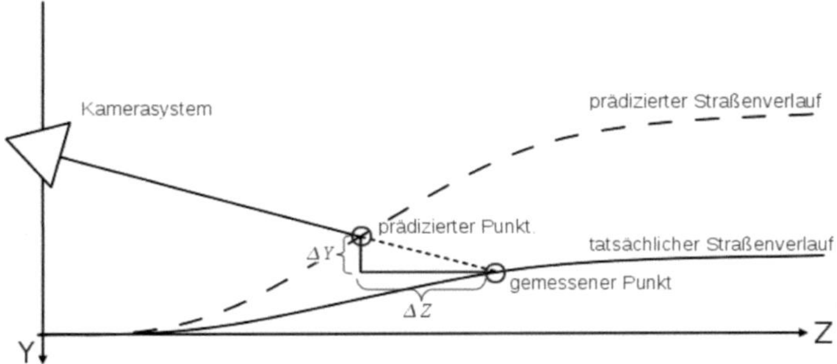

(a) Wird bei der Zuordnung die abweichende Entfernung zwischen prädiziertem und gemessenem Punkt nicht berücksichtigt, so ist die Differenz in der Höhe fehlerhaft bestimmt.

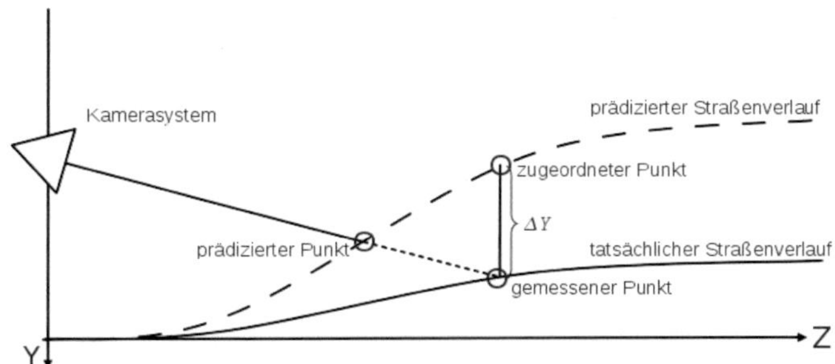

(b) Erfolgt die Zuordnung anhand der gemessenen Distanz, so ist die gemessene Abweichung in der Höhe die tatsächliche Differenz.

Abb. 5.10.: Zuordnung von gemessenen zu prädizierten Punkten: Der prädizierte Straßenverlauf weicht in der vertikalen Krümmung von dem tatsächlichen ab. Eine Zuordnung des gemessenen Punktes zu einem Punkt auf dem prädizierten Straßenverlauf über die gemessene Entfernung, ermöglicht eine Annäherung an den tatsächlichen Verlauf.

6. Ergebnisse

Das im Rahmen dieser Arbeit entwickelte System verwendet ein erweitertes Kalman Filter. Der Zustandsvektor und die Auslegung der Rauschkovarianzen werden im Anhang in Kapitel A.1 im Detail beschrieben.

Das System wurde sowohl anhand von aufgezeichneten Sequenzen als auch im Fahrzeug auf verschiedenen Landstraßen entwickelt und evaluiert. Eine solche Evaluation ermöglicht nur einen visuellen Eindruck und zeigt Stärken und Schwächen des Verfahrens in bestimmten Situationen, von denen eine Auswahl in Abschnitt 6.1 dargelegt wird.

Eine absolute Evaluation der Straßenverlaufsschätzung kann durch die bloße Betrachtung von Straßensituationen nicht erfolgen. Eine qualitative Bewertung des Systems durch einen Referenzsensor, wie einem Laserscanner, ist durch die ähnliche Genauigkeit im betrachteten Sichtbereich nicht möglich. Des Weiteren ist eine Auswertung durch eine bekannte, vermessene Straßengeometrie nur durch großen Aufwand zu bewältigen. Hierbei ist nicht nur ein präzises Wissen über die Straßengeometrie erforderlich, sondern auch eine hoch präzise Lokalisation mit Position und Orientierung des Fahrzeugs zu dieser bekannten Straße. Der Vergleich mit dem planaren Klothoidenmodell stellt nur bedingt eine Bewertungsmöglichkeit dar. Ein solcher ist dann verwertbar, wenn die betrachtete Szene größtenteils planar ist, da ansonsten keine Vergleichsgrundlage besteht. Außerdem ist ohne das Wissen über die tatsächlichen Daten der Straße keine qualitative Bewertung der Modelle möglich. Erst die Evaluation mit modellierten Szenarien, bei denen der Straßenverlauf relativ zum simulierten Fahrzeug bekannt ist, ermöglicht eine absolute Aussage über die Qualität des entwickelten Straßenmodells. Aus diesem Grund wurden zwei Straßensituationen generiert, anhand derer in Abschnitt 6.2 eine Evaluation erfolgt. Die erste Situation wird für den Vergleich zwischen dem planaren Standardstraßenmodell und dem entwickelten dreidimensionalen Modell auf einer weitgehend flachen Straße verwendet. Die zweite Sequenz weist starke Steigungen auf und dient zur qualitativen Analyse der vertikalen Modellierung.

Bei der Modellierung und Bestimmung der Straßenquerneigung wurde eine Wölbung der Straßenoberfläche, die in der Regel dem Wasserablauf dient, nicht berücksichtigt. Ein absoluter Einfluss dieser Modellvereinfachung kann nicht bestimmt werden, da eine solche Wölbung in der Simulationsumgebung nicht vorgesehen ist. Um einen Eindruck über den resultierenden Fehler zu bekommen, wurde das aus den Stereomessungen resultierende Höhenprofil der Straße in einer bestimmten Entfernung mit der geschätzten Straßenquerneigung verglichen. Das Ergebnis dieser Auswertung wird in Abschnitt 6.3 dargelegt.

6.1. Visuelle Beurteilung und Schwachstellenanalyse

Bei kamerabasierten Fahrerassistenzsystemen erfolgt häufig eine erste Einschätzung und Evaluation durch die Betrachtung von Straßensituationen. Durch die visuelle Evaluation der Umgebungserfassung erfolgt eine Beurteilung und Einschätzung der aufgetretenen Schwierigkeiten. In diesem Abschnitt werden zunächst Ergebnisse vorgestellt, die den Umfang der Modellierung verdeutlichen.

6.1.1. Ergebnisse der Straßenverlaufserkennung

Das entwickelte Modell wurde speziell für Landstraßen konzipiert, bei denen deutliche Krümmungsänderungen sowohl im Horizontalen als auch im Vertikalen verbreitet sind. Zur Verdeutlichung der Herausforderungen werden in Abschnitt 6.1.1 vier ausgewählte Szenarien mit den geschätzten Ergebnissen dargestellt. Ähnliche Herausforderungen findet man auch auf Autobahnen im Bereich von Baustellenein- und -ausfahrten, von denen zwei in Abschnitt 6.1.1 gezeigt werden.

Landstraßensequenzen

Die Herausforderung der Straßenmodellierung für das Szenario der Landstraße liegt nicht nur darin, den tatsächlichen Straßenverlauf repräsentieren zu können, sondern auch Veränderungen in der Krümmung frühzeitig zu detektieren. In Abbildung 6.1 ist, ab der Detektion des Anstiegs der Straße in einer Entfernung von über 38 m, jedes zehnte Bild bis zur Kuppe dargestellt. In Bildnummer 146 ist das Eigenfahrzeug auf dem Anstieg, sodass das Ende durch eine Absenkung der Straße detektiert wird. Farbig kodiert ist der Höhenverlauf. In Gelb ist der ebene Bereich der Straße dargestellt, rot repräsentiert erhöht, grün tiefer gelegen. Die weiße horizontale Linie beschreibt den durch den Nickwinkel definierten Horizont. Die in derselben Höhe befindliche, aber rotierte Linie, beschreibt den Rollwinkel des Fahrzeugs relativ zur Straße.

In Abbildung 6.2 ist das Ende einer ansteigenden Kurve dargestellt, sodass hier die Straße leicht abfällt. Dies ist in der Profilansicht in Abbildung 6.2c verdeutlicht. Darin ist das Fahrzeug links positioniert. Der Höhenverlauf des rechten, in grün gezeichneten, und linken, in rot dargestellten, Straßenrandes ist über die Entfernung aufgetragen. In der Vogelperspektive in Abbildung 6.2b ist der geschätzte Straßenverlauf mit der Straßenbreite orangefarben beschrieben. In Blau wird die Krümmung an der Fahrzeugposition dargestellt, die noch die eben durchfahrene Kurve beschreibt. Die Veränderung des geschätzten Verlaufs resultiert aus der Splinefunktion in Rot. Im Bereich bis 15 m liegt diese bei 0 und hat keinen Einfluss auf das Resultat, doch dann weicht die Splinekurve deutlich in die entgegengesetzten Richtung zur lokalen Krümmung ab und beeinflusst damit den geschätzten Straßenverlauf.

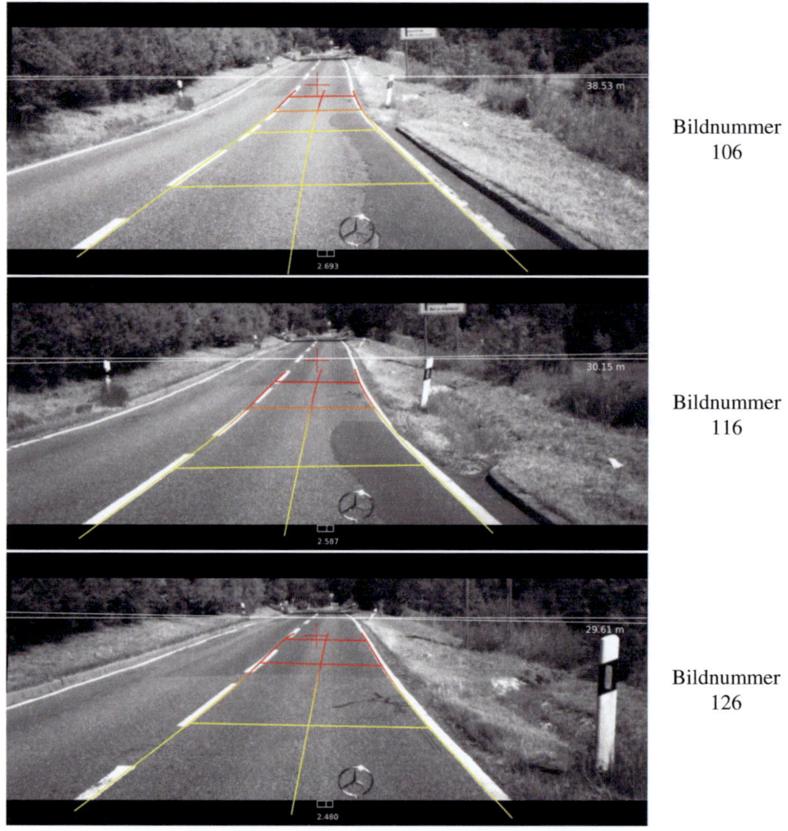

Abb. 6.1.: Anstieg auf einer Landstraße: Die Veränderung der vertikalen Krümmung wird in einer Entfernung von über 38 m erkannt. Von dem Zeitpunkt bis zur Kuppe wird jedes zehnte Bild abgebildet. (Fortsetzung auf
nächster Seite)

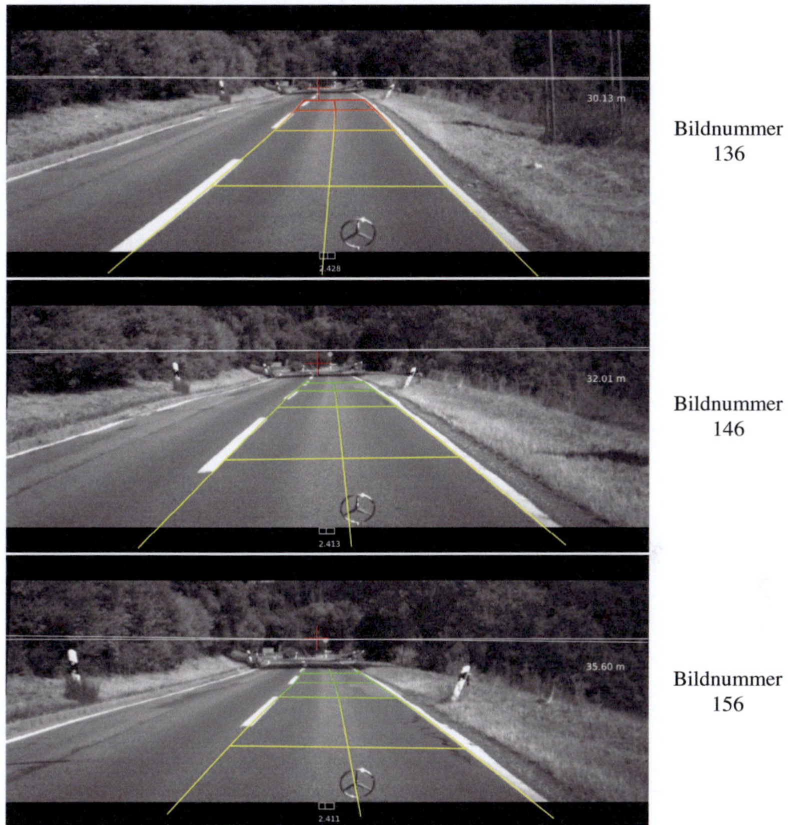

Abb. 6.1.: Anstieg auf einer Landstraße (Fortsetzung): Auf Bild 146 ist die Steigung erreicht, deren Ende ebenfalls erkannt wird. Die Farben stehen für die Höhe. So beschreibt gelb den planaren Bereich, rot zeigt einen Anstieg und grün einen Abfall der Straße. Die Zahl rechts im Bild gibt die gemessene Sichtweite an.

(a) Projektion des geschätzten Straßenverlaufs in das Kamerabild.

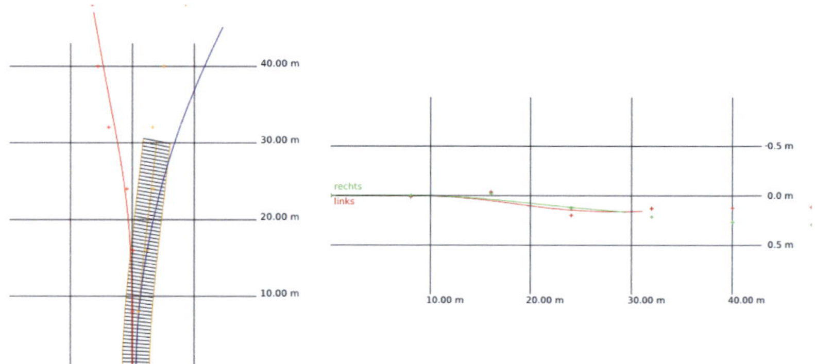

(b) Der Straßenverlauf in der Vogelperspektive: Orangefarben ist
der resultierende Fahrschlauch
dargestellt. Dieser wird unter
anderem von der Krümmung an
der Fahrzeugposition (blau) und
der horizontalen Splinefunktion
(rot) definiert.

(c) Profildarstellung: Der geschätzte Höhenverlauf des
rechten und linken Randes ist in Grün beziehungsweise Rot über die Entfernung dargestellt. In dieser
Situation fällt die Straße in der Entfernung ab.

Abb. 6.2.: Ausgang einer ansteigenden Kurve: In der Entfernung senkt sich die Straße, was im Profil in (c) zu sehen ist, die Änderung in der Krümmung wird
durch die horizontale Splinefunktion beschrieben, die in der Vogelperspektive in (b) dargestellt ist.

Zur besseren und sichereren Befahrbarkeit sind enge Kurven auf Landstraßen oftmals zum äußeren Kurvenrand erhöht. In Abbildung 6.3 ist der Eingang einer solchen Kurve mit dem geschätzten Straßenverlauf abgebildet. In der Vogelperspektive, Abbildung 6.3b, ist durch die der Krümmung entgegengesetzt verlaufenden Splinefunktion die Änderung in der Krümmung zu erkennen, die auch projiziert in die Bildebene, Abbildung 6.3a, zu sehen ist. In der Profilansicht, Abbildung 6.3c, ist der divergierende Verlauf des rechten absinkenden und linken ansteigenden Straßenrandes dargestellt.

In Abbildung 6.4 ist das Resultat der Straßenverlaufsschätzung zu Beginn einer ansteigenden Rechtskurve zu sehen. In der vogelperspektivischen Darstellung 6.4b ist erneut die Krümmungsänderung durch die Abweichung der Splinefunktion von der Achse zu erkennen. Allerdings weist die Funktion in die gleiche Richtung wie die lokale Krümmung, sodass die Krümmung der resultierenden Modellierung verstärkt wird. In der Profilansicht 6.4c ist der Anstieg der Straße zu erkennen.

Baustellenein- und -ausfahrten

In den Ein- und Ausfahrten von Autobahnbaustellen wird der Verkehr oftmals auf die Gegenfahrbahn umgeleitet. Bei diesem Übergang werden Höhenunterschiede ausgeglichen, sodass deutliche Steigungen und auch Straßenneigungen auftreten können. Zwei Beispiele, mit den Ergebnissen der dreidimensionalen Straßenverlaufsschätzung, sind in den Abbildungen 6.5 und 6.6 dargestellt. Im ersten Beispiel tritt nur eine geringfügige Straßenquerneigung auf, allerdings ist zunächst ein deutlicher Anstieg zu verzeichnen, sodass sich beim Übergang in die Gegenspur ein relatives Gefälle der Fahrbahn in der Kurve ergibt. Im zweiten Beispiel treten deutliche Straßenquerneigungen auf. Im Bild 6.6a ist die Straßenoberfläche zunächst noch eben, was durch die Farbkodierung verdeutlicht wird. Beide Seiten haben nahezu die gleiche Farbe. Im zweiten Bild 6.6b neigt sich die Straße nach rechts. Der linke Rand ist rötlich gefärbt, der rechte grünlich. Im dritten

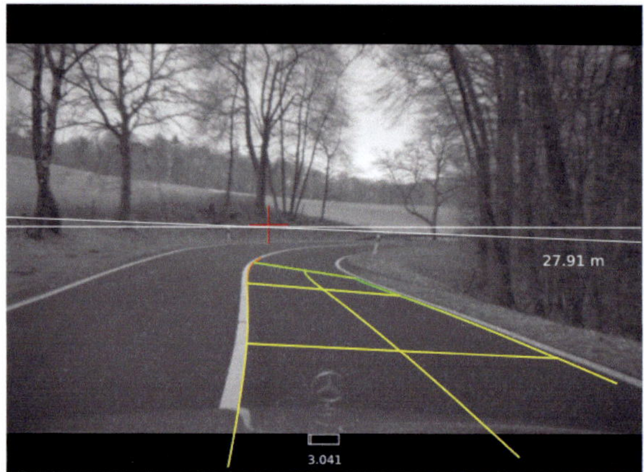

(a) Projektion des geschätzten Straßenverlaufs in das Kamerabild:
Die noch entfernte Krümmungsänderung ist zu erkennen.

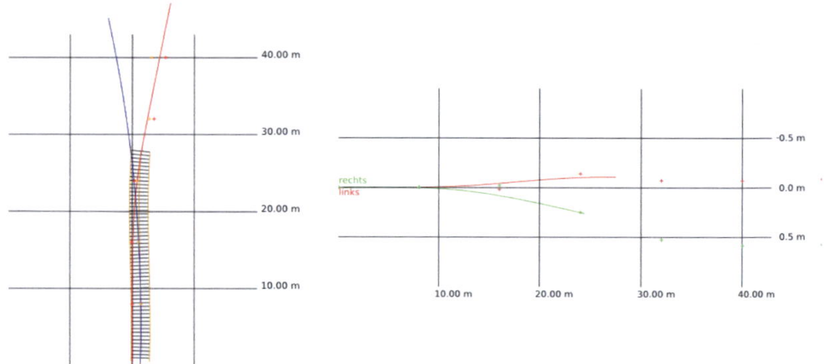

(b) Der Straßenverlauf in der Vogelperspektive: Die Splinefunktion (rot) beschreibt die Krümmungsänderung in die Rechtskurve. Die lokale Krümmung
(blau) zeigt in die entgegengesetzte Richtung.

(c) Profildarstellung: Die auseinanderlaufenden Hö-
henprofile des linken (rot) und rechten (grün) Randes beschreiben die überhöhte Kurve.

Abb. 6.3.: Überhöhte Kurve: In der Entfernung wird die Krümmungsänderung
durch die Splinefunktion beschrieben und die unterschiedlichen Höhen-
profile des rechten und linken Randes erkannt.

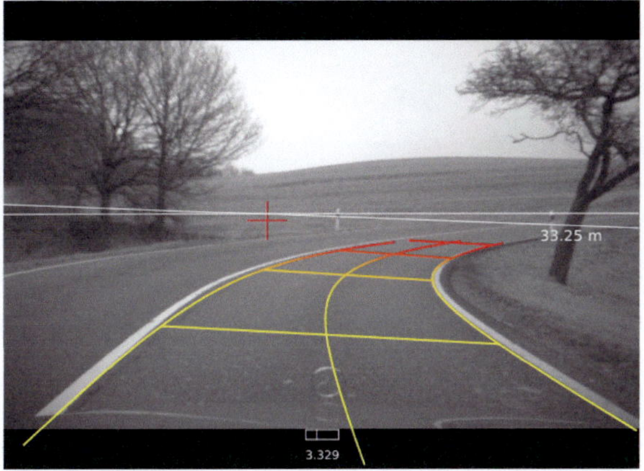

(a) In der Darstellung des Ergebnisses im Kamerabild ist der Höhenverlauf der Kurve farbig kodiert. Durch den Übergang von gelb nach rot wird der Anstieg verdeutlicht.

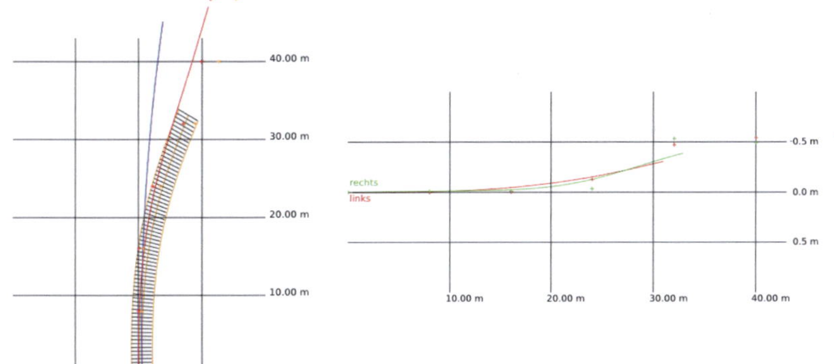

(b) Der Krümmungsverlauf des resultierenden Straßenverlaufs (orange) setzt sich aus der lokalen Krümmung (blau) und der Splinefunktion (rot) zusammen. Diese Funktion verstärkt die schon nach rechts verlaufende lokale Krümmung.

(c) Im Profil ist der Anstieg der Straße im Höhenprofil des rechten (grün) und des linken (rot) Straßenrandes zu erkennen.

Abb. 6.4.: Nach dem Übergang von einer geraden Straße in eine Rechtskurve ist zusätzlich ein Anstieg zu vermerken, der in dem geschätzten Straßenverlauf repräsentiert wird.

(a) Beim Übergang zur Gegenfahrbahn steigt die Straße zunächst an.

(b) Auf der Gegenfahrbahn führt der Verlauf in eine Rechtskurve.

Abb. 6.5.: Autobahnbaustelle: Der Verkehr wird auf die Gegenfahrbahn geleitet, wobei ein Höhenunterschied überwunden werden muss.

Bild 6.6c neigt sich die Straßenoberfläche deutlich nach links, bevor im letzten Bild 6.6d die beiden Seiten wieder ausgeglichen sind. Durch die grüne Linie, die quer durch die vier Bilder verläuft, wird das Ergebnis der Freiraumerkennung, siehe Abschnitt 3.4 visualisiert. In der Straßenverlaufsschätzung wird ausschließlich der Bereich unterhalb der grünen Linie berücksichtigt, sodass erhabene Objekte, wie entgegenkommende oder vorausfahrende Fahrzeuge, nicht in die Schätzung einbezogen werden.

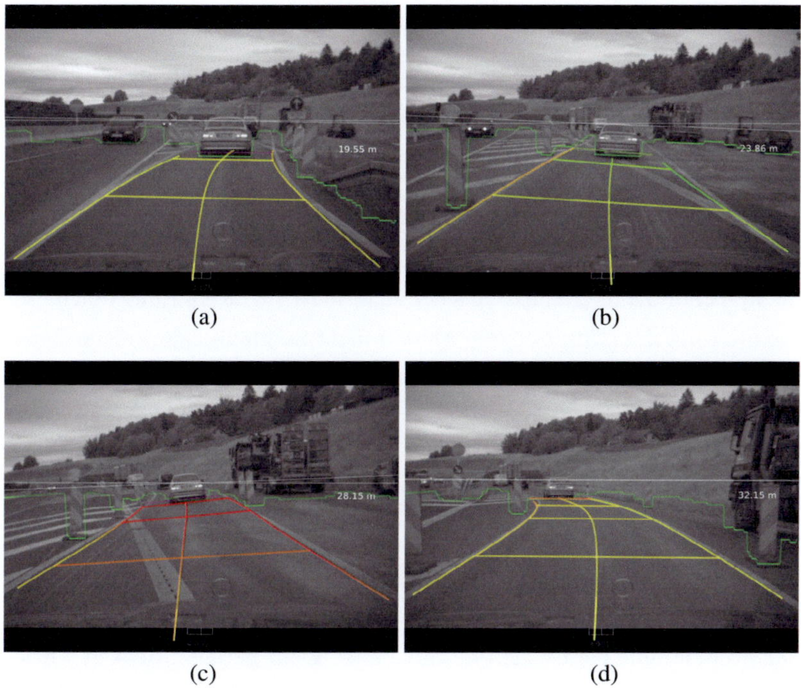

(a)   (b)

(c)   (d)

Abb. 6.6.: Autobahnbaustelle: Beim Übergang zwischen den Fahrbahnen tritt eine deutliche Verdrehung der Fahrbahnoberfläche auf. Von der ebenen Straße (a) ausgehend, neigt sich diese zunächst nach rechts (b), dann stark nach links, was durch den gelben linken und den roten rechten Rand visualisiert ist, (c), bevor sie in (d) wieder eben ist.

6.1.2. Problemsituationen durch Straßengegebenheiten

Bei der Untersuchung zeigten sich folgende Herausforderungen:

- sich veränderte Straßen- beziehungsweise Fahrstreifenbreiten
- Ausfahrten oder Abbiegestreifen
- begrenzte Sichtweiten am Ausgang von Kurven und Kuppen
- sehr enge Kurven
- keine oder nicht eindeutige Straßenränder oder Markierungen
- Schattenwürfe

In der bisherigen Modellierung ist nur eine langsame Änderung der **Straßen- beziehungsweise Fahrstreifenbreite** vorgesehen. Verändert sich die Straßenbreite im Sichtbereich deutlich, so ist eine Repräsentation dieser Situation mit dem vorgestellten Modell nicht möglich. Eine solche Situation tritt zum Beispiel an Autobahnabfahrten auf, wenn der Abbremsstreifen in eine enge Kurve führt, oder vor Kreuzungen, wenn die Straße in mehrere Fahrstreifen aufgeteilt wird. Eine Autobahnabfahrt ist in Abbildung 6.7 dargestellt. Im Luftbild ist die Erweiterung des Fahrstreifens zu erkennen.

Die Einschränkung in der Modellierung der Fahrstreifenbreite führt auch in weiteren Situationen zu Problemen. Am Beginn enger Kurven nimmt die Fahrstreifenbreite häufig zu, um im Übergang auf gerade Strecken wieder abzunehmen. Damit diesen Veränderungen gefolgt werden kann, ist ein hohes Systemrauschen im Kalman Filter für den Parameter der Straßenbreite und des lateralen Versatzes des Fahrzeugs zur Straßenmitte erforderlich. Dies führt allerdings an Kreuzungen mit **Abbiegestreifen** zu einer Vergrößerung der geschätzten Breite. Ein solches Beispiel ist in den Abbildungen 6.8 und 6.9 dargestellt. Wird ein hohes Systemrauschen eingestellt, so vergrößert sich die Breite des geschätzten Verlaufs. Mit einem geringen Systemrauschen bleibt die geschätzte Fahrstreifenbreite konstant. Eine Erhöhung des Rauschens stellt keine mögliche Lösung dar, um die Änderung

(a) Luftbildaufnahme der Autobahnausfahrt Böblingen-Ost: Deutlich zu erkennen ist die Änderung der Fahrstreifenbreite. Bildquelle: GoogleMaps 2010.
©2012 Google, AeroWest, GeoBasis-DE/BKG, GeoContent, GeoEye, Landeshauptstadt Stuttgart, DigitalGlobe

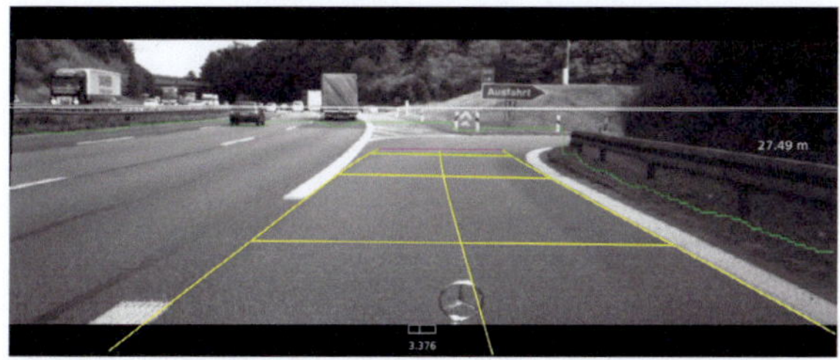

(b) Kameraaufnahme und Ergebnis der Straßenverlaufsschätzung: Durch die Veränderung der Fahrstreifenbreite am Kurveneingang, kann die Veränderung des Straßenverlaufs nicht erkannt werden.

Abb. 6.7.: Situationsbeispiel Autobahnausfahrt Böblingen-Ost: Am Kurveneingang verändert sich die Fahrstreifenbreite deutlich.

der Fahrstreifenbreite in Kurven verfolgen zu können. Eine Integration dieses Faktors in der Modellierung ist notwendig.

In Situationen von **Kurven und Kuppen** kann anhand von Kamerabildern keine Aussage über den weiteren Straßenverlauf getroffen werden. Da die Anzahl der Splinekontrollpunkte fest ist, und damit die Länge der Kurve bestimmt wird, wirkt sich ein verringerter Sichtbereich nicht auf die Kurvenlänge aus. Die Kontrollpunkte, die nicht durch Messungen aus den Kamerabildern beeinflusst werden, können nur durch die glättenden Randbedingungen verändert werden. Daraus ergibt sich, dass am Ausgang einer

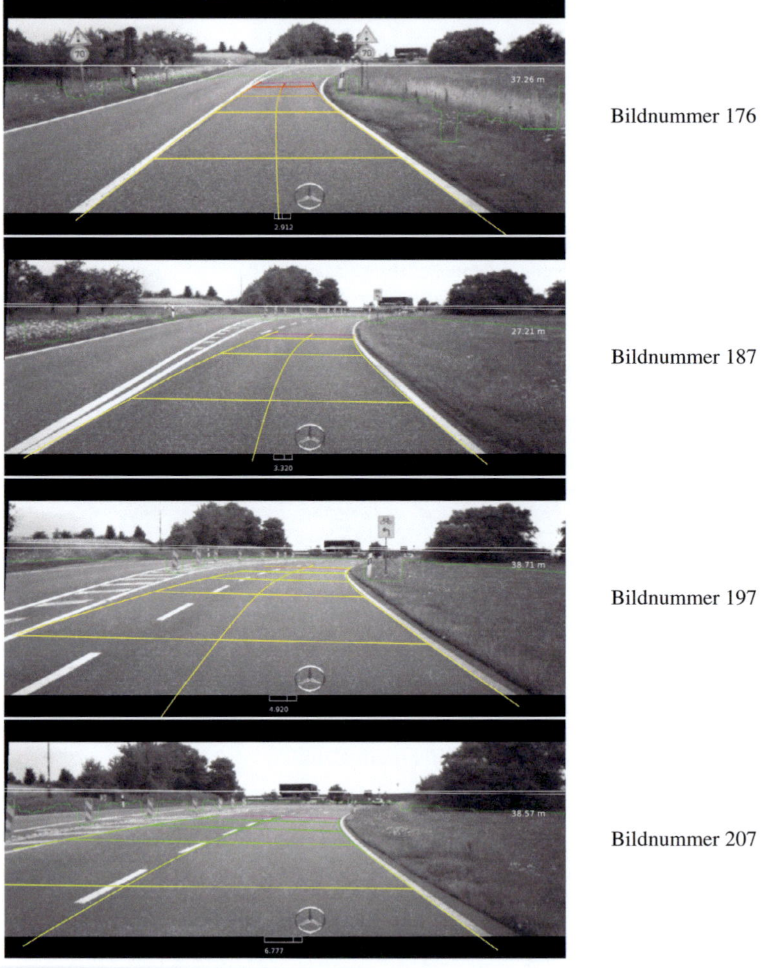

Abb. 6.8.: Ergebnis der Straßenverlaufsschätzung bei großer Systemvarianz für den Parameter der Straßenbreite: Die linken Messungen, entlang des Abbiegestreifens, werden stärker berücksichtigt und der geschätzte Fahrschlauch verbreitert sich.

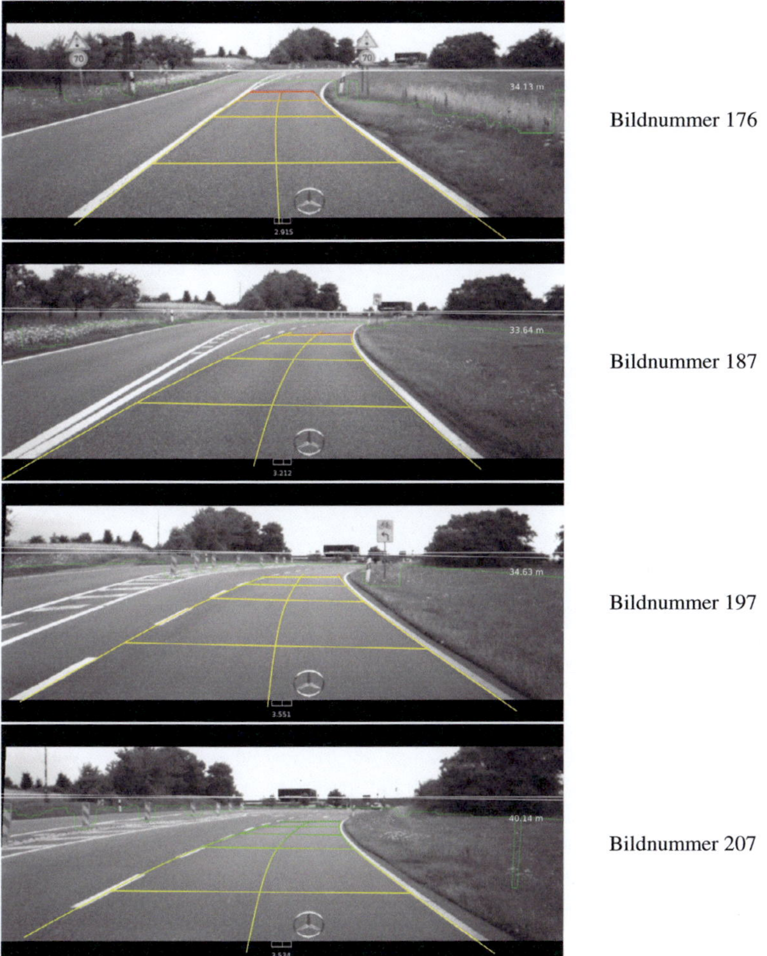

Abb. 6.9.: Ergebnis der Straßenverlaufsschätzung bei kleiner Systemvarianz für den Parameter der Straßenbreite: Die Straßenbreite bleibt nahezu konstant.

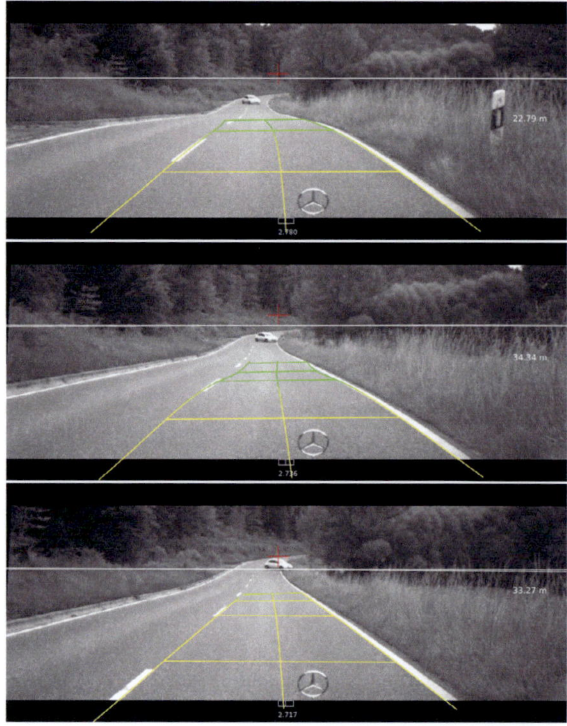

Abb. 6.10.: Problematik der Sichtbegrenzung bei Kuppen: Vor einer Kuppe ist der Straßenverlauf nur begrenzt einsehbar, sodass entfernte Kontrollpunkte der Splinefunktion nur durch Glattheitsbedingungen beeinflusst werden. Nimmt nach einer Kuppe die Sichtweite schnell zu, so wird zunächst der Straßenverlauf zu tief geschätzt, wie in Bild 208. Erst nach einigen Bildern, in Bild 220, nähert sich der geschätzte Höhenverlauf dem gemessenen an.

Kurve und am Ende einer Kuppe zunächst die Splinekurve nachgezogen werden muss und damit Fehler im weiter entfernten Sichtbereich auftreten. Diese Problematik ist in Abbildung 6.10 zu erkennen und wird auch in Abschnitt 6.2.1 und 6.2.2 verdeutlicht. Das Problem kann durch eine variable Anzahl von Kontrollpunkten oder durch Anpassung des Abstandes zwischen den Punkten zumindest gemindert werden.

In **sehr engen Kurven** treten zwei Schwierigkeiten auf. Die Beschreibung durch eine Splinefunktion ist nicht ausreichend, eine Splinekurve, durch die auch enge Kurven mit 90° oder mehr beschrieben werden können, wäre notwendig. Für solche Straßenverläufe ist allerdings der Öffnungswinkel der Kamera nicht ausreichend, um die Straßenränder zu erfassen.

Aus der Sicht der Bildverarbeitung zeigten sich zwei Probleme. Zum einen treten Schwierigkeiten auf, wenn **keine oder nicht eindeutige Straßen- beziehungsweise Fahrstreifenränder** vorliegen. Gerade in Baustellen lässt sich mit einer Grauwertkamera nur schwer die richtige gelbe Markierung erkennen. Das Problem tritt auch bei Ausfahrten und Kreuzungen auf. Ist gar keine Markierung vorhanden, so kann die Kante des Straßenrandes detektiert werden, doch Fahrbahnausbesserungen mit Teerfugen erschweren eine eindeutige Detektion. Zum anderen stellen kontrastreiche **Schattenkanten** noch immer eine große Herausforderung in der Straßenverlaufserkennung dar. Schatten von Bäumen oder Pfosten weisen nicht nur Kanten in alle Richtungen auf, in ihnen werden auch zeitweise Markierungen erkannt. Außerdem ist der Kontrast in schattigen Bereichen geringer, sodass die Detektion der Fahrbahnkante erschwert ist. Solche für die Bildverarbeitung herausfordernde Situationen sind in Abbildung 6.11 dargestellt. Eine mögliche Lösung ergibt sich durch die Hinzunahme von Stereoinformationen, da der Straßenrand meist einen, wenn auch geringen, Höhenunterschied zum Randbereich aufweist.

6.1.3. Einflüsse unzureichender Kamerakalibrierung

Im Rahmen der Evaluation erwies sich das System als anfällig auf Fehler in der Kalibrierung. Die intrinsischen Kameraparameter sind einmalig zu bestimmen und ihre zeitliche Veränderung ist vernachlässigbar. Die extrinsischen Parameter ändern sich jedoch über die Zeit. Durch die Bewegung des Fahrzeugs kann die Position und Orientierung der Kameras variieren. Aus diesem Grund wurden Algorithmen entwickelt, die es ermöglichen,

(a) Die Markierung links ist deutlich zu erkennen, doch die Schattenkante ist kontrastreicher als die rechte Fahrbahnkante zum Bordstein.

(b) Ohne zusätzliche 3D-Informationen lässt sich hier die rechte Fahrbahnkante nicht erkennen. In den hellen Flecken werden Markierungen erkannt, sodass eine Straßenverlaufserkennung nicht möglich ist. Wird hingegen durch 3D-Informationen die Bordsteinkante miteinbezogen, kann der Fahrstreifen detektiert werden.

(c) Eine Kante zwischen der Fahrbahn und der Grasnarbe ist in dieser beschatteten Kurve nicht zu erkennen.

Abb. 6.11.: Durch Schattenwürfe wird die Detektion des Straßenrandes erschwert. Harte Schatten führen zu Kanten, die fehlerhaft als Fahrbahnkante interpretiert werden. Im Schatten ist der Kontrast verringert, sodass eine schwache Kante zwischen Fahrbahn und Randbereich nur schwer wahrzunehmen ist.

die Position und Orientierung der Kameras anhand der Straßensituation zu bestimmen, zum Beispiel [Dan09]. Der Schielwinkel der beiden Kameras ist hierbei eine schwer zu bestimmende Größe, da sich ein Fehler in diesem in der gemessenen Entfernung und nicht durch Abweichungen in der Bildebene zeigt.

Ein solcher Fehler im Schielwinkel resultiert näherungsweise in einer additiven Abweichung im Disparitätswert. In Abbildung 6.12 wird der Einfluss des Disparitätswertes auf die zu berechnende Position in Kamerakoordinaten bei einer geraden Straße mit konstanter Spurbreite verdeutlicht. Zunächst werden die Bildpunkte, unter Verwendung der zugehörigen Disparität bei einer hinreichend genauen Kalibrierung des Systems, in die Welt projiziert. Aus der Vogelperspektive in Abbildung 6.12a ist die parallel verlaufende Fahrbahnmarkierung zu sehen. Bei einem Disparitätsfehler verlaufen die Fahrbahnmarkierungen, je nach Richtung des Fehlers, entweder zusammen oder auseinander. Eine deutliche Abweichung von minus drei Bildpunkten ist in Abbildung 6.12b dargestellt. In der Vogelperspektive ist zu erkennen, dass die Markierungen auseinandergehen. Bei einer Abweichung von plus drei Bildpunkten, wie in Abbildung 6.12c, zeigen die Straßenränder zueinander. Direkt vor dem Versuchsfahrzeug ist die Fahrstreifenbreite in allen drei Fällen identisch. Hinzu kommt, dass durch die Nickwinkelschätzung anhand der Stereomessungen eine Inkonsistenz zwischen dem Nickwinkel, der aus den Stereodaten bestimmt wird, und dem durch parallele Fahrbahnmarkierungen beschriebenen Winkel, entsteht. Die Projektion des Straßenverlaufs in das Kamerabild zeigt eine deutliche Abweichung des geschätzten Verlaufs zum tatsächlichen Fahrstreifen.

Dieses Problem kann verringert werden, indem zusätzliche Parameter eingeführt werden, die z. B. für den Schielwinkel, im Sinne eines Störgrößenbeobachters, den Fehler schätzen und ausgleichen.

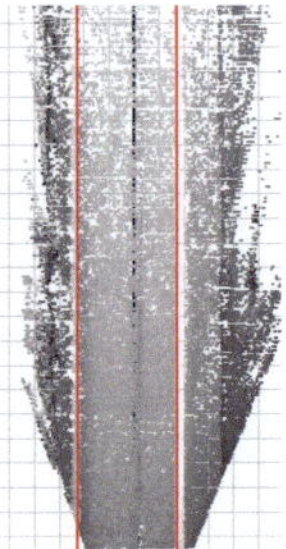

(a) Kein Disparitätsfehler: Der geschätzte Straßenverlauf liegt auf der Markierung im Bild. Aus der Vogelperspektive ist anhand der roten parallelen Linien die konstante Spurbreite durch die hellen Punkte der Markierung erkennbar.

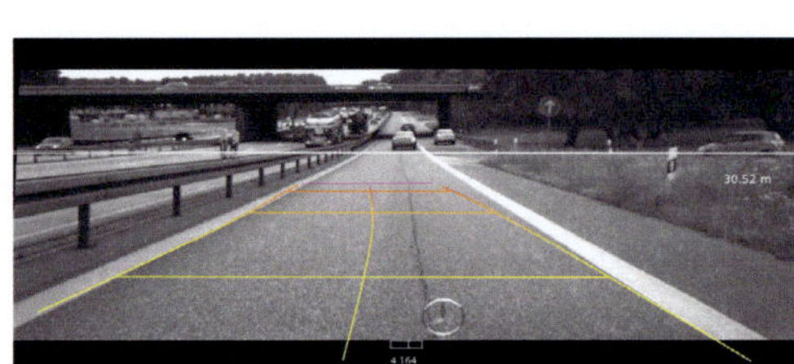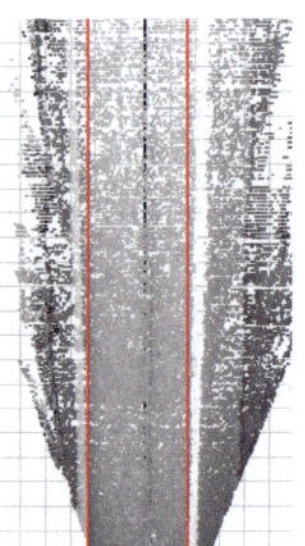

(b) Disparitätsfehler von -3 Pixel: Die Markierungen in der Darstellung aus der Vogelperspektive laufen auseinander. Die Horizontlinie ist zu niedrig. Der geschätzte Straßenverlauf liegt innerhalb der Markierungen.

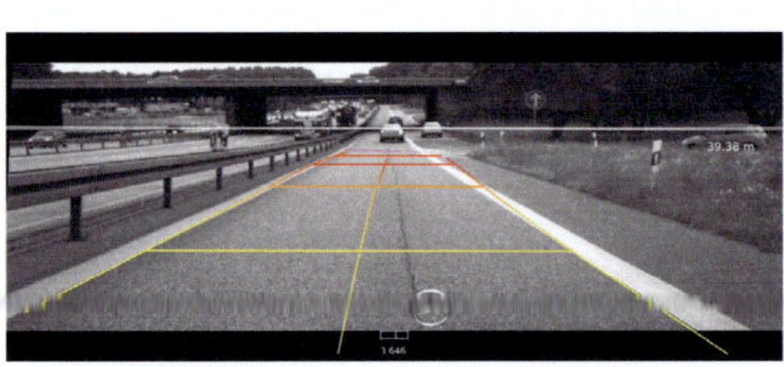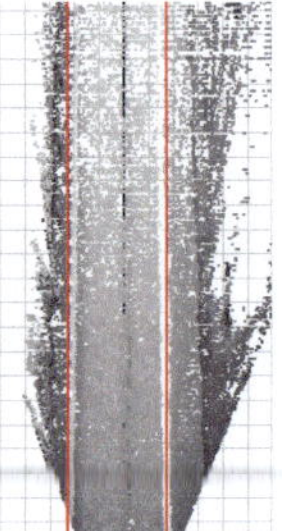

(c) Disparitätsfehler von +3 Pixel: Die Randbebauungen und die Markierungen verengen sich in der dreidimensionalen Ansicht. Der geschätzte Straßenverlauf ragt aus dem Fahrstreifen heraus.

Abb. 6.12.: Fehler im Schielwinkel resultieren in einem konstanten Fehler in der Disparität. Hierdurch erfolgt eine fehlerbehaftete Nickwinkelschätzung und die Projektion zwischen Welt und Bild ist inkonsistent.

6.2. Evaluation mittels synthetischer Sequenzen

Eine absolute und qualitative Aussage über einen Zustandsschätzer lässt sich nur dann treffen, wenn die tatsächlichen Größen der zu schätzenden Parameter bekannt sind. Um das entwickelte Straßenmodell und die Straßenverlaufsschätzung zu evaluieren, wurden zwei Straßenszenen generiert, in denen die relative Position und Orientierung der Straße zur Kamera zu jedem Zeitschritt vorgegeben wurde. Die eine Szene beinhaltet den Ausgang einer Rechtskurve, die dann in eine Linkskurve übergeht. Beide Kurven sind leicht überhöht. Anhand dieser wird die Qualität der Schätzung des horizontalen Straßenverlaufs bestimmt und mit dem Ergebnis, das unter Verwendung eines planaren Klothoidenmodells erzielt wurde, verglichen. Die zweite Szene stellt eine gerade Straße mit einer Senke dar, anhand derer die vertikale Straßenverlaufsschätzung evaluiert wird.

6.2.1. Bewertung der horizontalen Straßenverlaufsschätzung

Zum Vergleich des planaren Klothoidenmodells mit dem erweiterten Modell im Horizontalen, wurde ein Straßenverlauf generiert, anhand dessen eine Messsequenz mit Stereobildinformationen und Fahrzeugdaten erzeugt wurde. In dieser Sequenz ist zu jedem Zeitpunkt der dreidimensionale Straßenverlauf relativ zur Kamera bekannt. Der Verlauf ist in der Vogelperspektive in Abbildung 6.15 dargestellt. Um einen realistischen Straßenverlauf zu erzielen, wurden die Daten aus der Inertialsensorik bei einer realen Fahrt verwendet. Der Verlauf beginnt am Ende einer Rechtskurve, führt dann in eine Linkskurve und endet in einem kurzen Geradenstück. In Abbildung 6.13 ist das Ende der Rechtskurve und der Eingang der Linkskurve dargestellt. Hierin wird das Ergebnis der Straßenverlaufsschätzung unter Verwendung des im Rahmen dieser Arbeit entwickelten Splinemodells abgebildet.

Die Kurven der Regelungsparameter, lateraler Versatz zur Fahrstreifenmitte, Gierwinkel und Krümmung, beider Modelle zeigen Unterschiede im

Abb. 6.13.: Realer Straßenverlauf: Dieser Straßenverlauf ist die Grundlage für die synthetische Sequenz, anhand der das entwickelte Splinemodell mit dem Klothoidenmodell verglichen wird. In der Abbildung ist das Ergebnis der Straßenverlaufschätzung unter der Verwendung des Splinemodells dargestellt.

lateralen Versatz und im Gierwinkel. Der Verlauf der Krümmung ist ähnlich und bei beiden Modellen vergleichbar mit der gefahrenen Krümmung, die durch den Quotienten aus Gierrate und Geschwindigkeit bestimmt wird.

Da bei einem Vergleich der Kurven keine Aussage über die Qualität der Modelle möglich ist, wurde eine synthetische Sequenz, auf Grundlage dieser realen Sequenz, generiert. Die Überhöhung der Kurven wurde anhand des geschätzten Neigungswinkels modelliert, der um den Faktor zwei erhöht wurde.

Bewertet wurden folgende Punkte, die auch in Abbildung 6.16 skizziert werden:

- Abweichung in der lateralen Position

- Abweichung in der Höhe

- Abweichung im horizontalen Tangentialwinkel

- Abweichung im Neigungswinkel

Die Kurven werden diskret an den in Abbildung 6.15 eingezeichneten Querlinien abgeglichen.

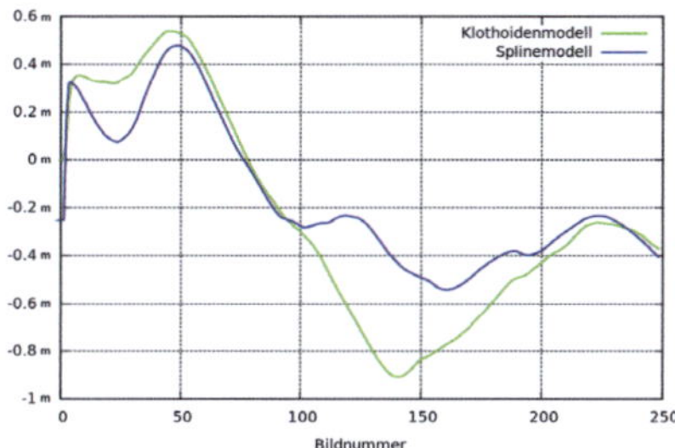

(a) Verlauf des lateralen Versatzes von Klothoiden- und Splinemodell.

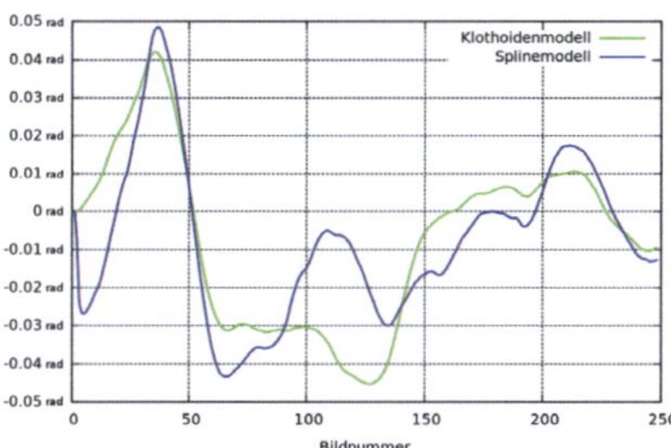

(b) Gierwinkelverlauf von Klothoiden- und Splinemodell.

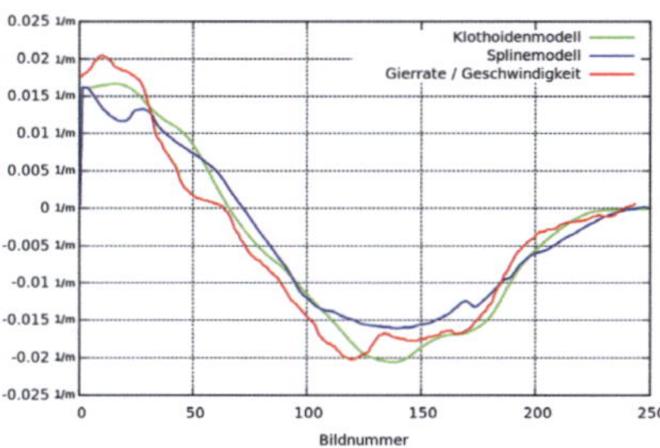

(c) Krümmungsverlauf von Klothoiden- und Splinemodell.

Abb. 6.14.: Kurven der Regelungsparameter: Im Verlauf des lateralen Versatzes (a) und des Gierwinkels (b) von beiden Modellen sind Unterschiede zu erkennen, die Krümmungsverläufe (c) entsprechen weitgehend dem gefahrenen Verlauf, der durch den Quotient von Gierrate und Geschwindigkeit bestimmt wird.

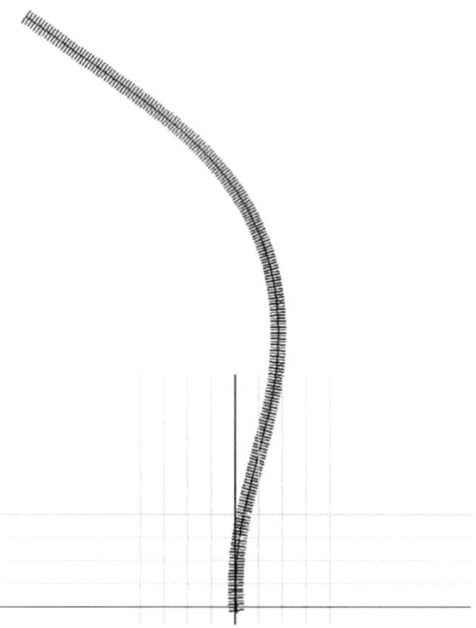

Abb. 6.15.: Streckenverlauf der generierten Straße: Die Rechtskurve am Anfang und die Linkskurve sind jeweils überhöht. Die Gitterlinien am Beginn der Kurve sind im Abstand von 5 m gezeichnet.

Der Auswertungsbereich wird durch den mit beiden Modellen erfassten Sichtbereich bestimmt. Die Sichtweite ist der Bereich, bis zu dem Messungen der Fahrbahnmarkierung oder des -randes detektiert werden. Dieser ist unter Verwendung des planaren Klothoidenmodells in Kurvenein- und -ausgängen kürzer als beim Einsatz des erweiterten Modells, was in Abbildung 6.17 in den Kurvenverläufen aufgezeigt wird. Bis ungefähr zu Bildnummer 130 ist die Sichtweite unter Verwendung des Splinemodells um bis zu 5 m weiter als mit dem Klothoidenmodell. Bis Bildnummer 200 ist die Sichtweite vergleichbar. Danach ist wieder ein Unterschied zu erkennen, diesmal bis zu 12 m. Das bedeutet, dass in der Kurve und auf dem Geradenstück am Ende die Detektionsbereiche ähnlich sind, doch am Ein- und Ausgang der Linkskurve mit dem Splinemodell eine deutlich weitere Vorausschau möglich ist.

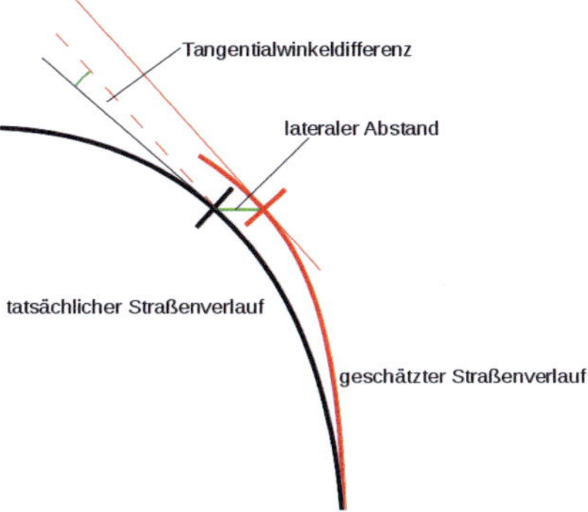

Abb. 6.16.: Bewertungsmaße: Bei der Bewertung werden vier Maße betrachtet. In der Skizze wird der geschätzte Straßenverlauf in Rot und der tatsächliche Verlauf in Schwarz skizziert. In äquidistanten Abtastschritten wird der laterale Abstand und die Winkeldifferenz zwischen den horizontalen Tangentialwinkeln betrachtet. Außerdem wird der Unterschied in der Neigung und die Höhendifferenz evaluiert.

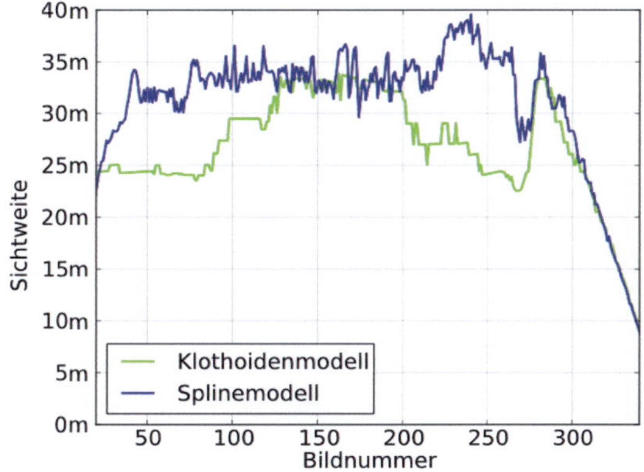

Abb. 6.17.: Sichtweite der beiden Straßenmodelle: Durch die Einschränkungen bei der Modellierung von Krümmungswechseln kann mit dem Klothoidenmodell der Straßenverlauf über einen geringeren Bereich erfasst werden, als unter Verwendung des mit einem Spline erweiterten Modells.

Klothoidenmodell   Splinemodell

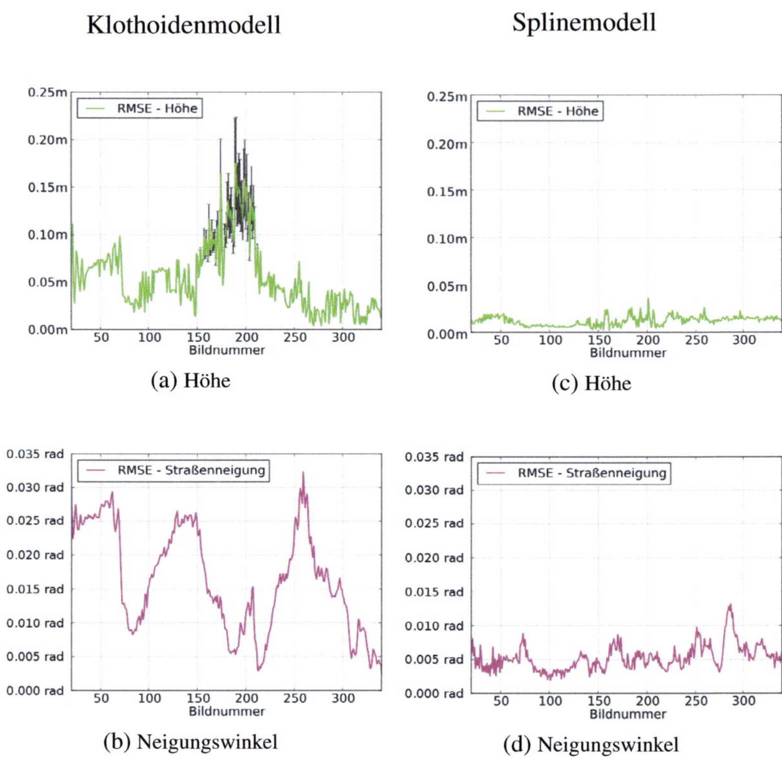

(a) Höhe   (c) Höhe

(b) Neigungswinkel   (d) Neigungswinkel

Abb. 6.18.: Evaluation des RMSE über die Sequenz: Wie zu erwarten war, ist der Fehler des entwickelten dreidimensionalen Splinemodells, rechts, in der Höhen- und Neigungswinkelschätzung deutlich geringer als der des planaren Klothoidenmodells, links.

Im Auswertungsbereich wurde für beide Modelle der „*Root Mean Squared Error*"(RMSE) zwischen dem tatsächlichen und dem geschätzten Verlauf bestimmt und in den Abbildungen 6.18 und 6.19 zeitlich aufgetragen.

In Abbildung 6.18 ist die zeitliche Veränderung des RMSE, resultierend aus der Querneigung und der Höhe, dargestellt. Wie zu erwarten, ist der Fehler mit dem dreidimensionalen Modell bedeutend geringer als mit dem planaren. Der Fehler in der Höhe liegt deutlich unter 5 cm, der Fehler in der Querneigung liegt größtenteils unter $0{,}01\,\mathrm{rad} \approx 0{,}057°$.

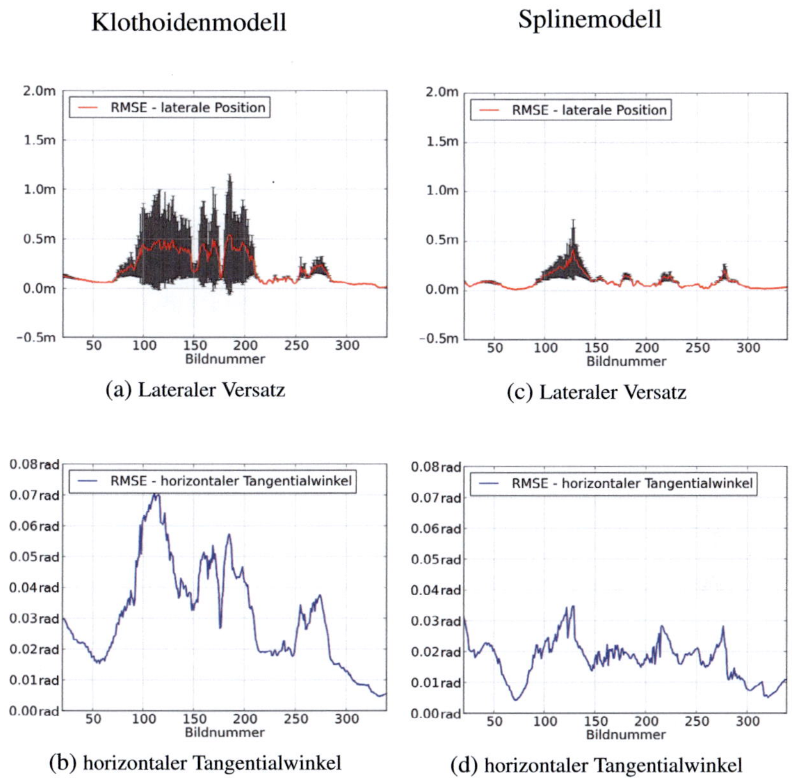

(a) Lateraler Versatz

(c) Lateraler Versatz

(b) horizontaler Tangentialwinkel

(d) horizontaler Tangentialwinkel

Abb. 6.19.: Evaluation des RMSE über die Sequenz: In der Schätzung des horizontalen Verlaufs, hier durch den lateralen Versatz und die Krümmung repräsentiert, zeigen sich Fehler an Bildnummer 123, 232 und 270, die näher betrachtet werden.

Die Auswertungskurven über den lateralen Abstand und den horizontalen Tangentialwinkel sind in Abbildung 6.19 dargestellt. Der Fehler, der sich bei der Verwendung des mit dem B-Spline erweiterten Modells ergibt, ist deutlich geringer. Nur an Bildnummer 123 tritt auch bei Verwendung des entwickelten Modells eine größere Abweichung auf. In der Situation an Bildnummer 232 ist der Fehler des erweiterten Modells geringfügig größer als der des Standardmodells. Im Folgenden werden diese beiden Stellen und die Situation an Bildnummer 270 in den Abbildungen 6.20 und 6.21, 6.22 und 6.23, 6.24 und 6.25 näher betrachtet.

Zum Zeitpunkt an Bildnummer 123, Abbildung 6.20 und 6.21, wechselt bei der Verwendung des Klothoidenmodells die Krümmung von einer Rechts- in eine Linkskurve. Die Sichtweite mit dem Klothoidenmodell ist im Vergleich zum erweiterten Modell deutlich reduziert , da dieser Krümmungswechsel nicht beschrieben werden kann. Der dahinter liegende Straßenverlauf ist außerhalb des Auswertungsbereichs um den prädizierten Verlauf, sodass die Straßenmarkierung nicht detektiert wird. Die geschätzte Krümmung ist geringer als die tatsächliche. Das erweiterte Modell unterschätzt die Krümmung nicht, sondern überschätzt diese. Allerdings ist der Fehler sowohl im horizontalen Tangentialwinkel als auch im lateralen Versatz geringer. Der Krümmungswechsel kann durch dieses Modell beschrieben werden, sodass der Sichtbereich größer ist.

Betrachtet man auch zum Zeitpunkt der Bildnummer 232, Abbildungen 6.22 und 6.23, zusätzlich die Sichtweite, so wird der Unterschied besonders deutlich. Eine Auswertung des Fehlers erfolgt bis zu der Sichtweite von circa 28 m, die mit dem Klothoidenmodell erreicht wird. In diesem Bereich ist der Fehler mit diesem Modell geringer als unter Verwendung des erweiterten Modells. Danach kann der Straßenverlauf mit dem Standardmodell nicht detektiert werden, während mit dem erweiterten Modell eine circa 10 m weitere Vorausschau möglich ist. Der Fehlerverlauf und Sichtbereich ist in Abbildung 6.22 verdeutlicht. Durch die Darstellung aus der Vogelperspektive in Abbildung 6.23b ist zu erkennen, dass der Sichtbereich

Klothoidenmodell　　　　　　Splinemodell

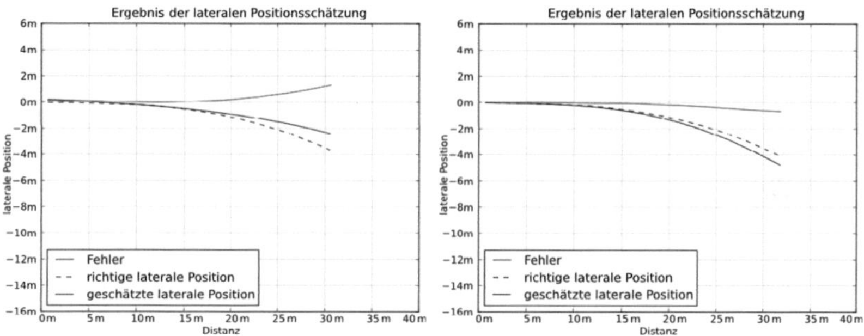

(a) lateraler Versatz

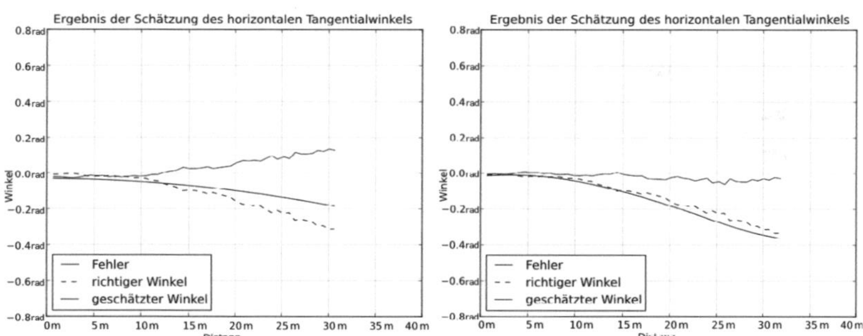

(b) horizontaler Tangentialwinkel

Abb. 6.20.: Situation Bildnummer 123: In (a) ist der Fehler im lateralen Versatz, in (b) im horizontalen Tangentialwinkel auf die Entfernung aufgetragen. Der Fehler ist im Bereich bis 10 m mit beiden Modellen ähnlich, doch steigt er mit dem Klothoidenmodell danach deutlich an.

Klothoidenmodell   Splinemodell

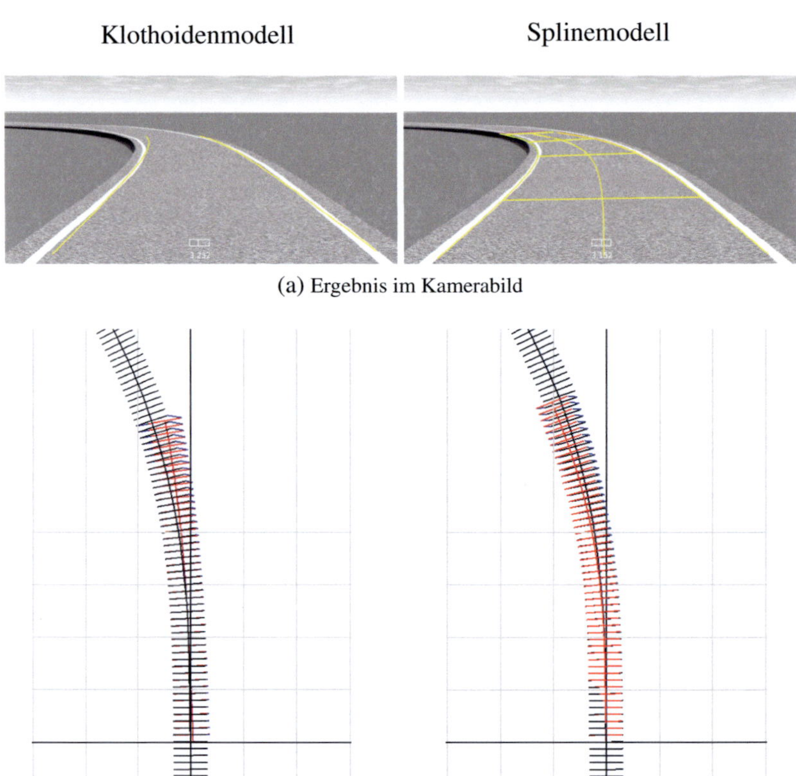

(a) Ergebnis im Kamerabild

(b) Ergebnis in der Vogelperspektive, Abstand der Gitterlinien ist 5 m.

Abb. 6.21.: Situation Bildnummer 123: Während der Straßenverlauf, der mit dem Klothoidenmodell, links, geschätzt wurde, die auftretende Linkskurve noch unterschätzt, ist rechts die Kurve bereits überschätzt. Der mit dem Splinemodell geschätzte Verlauf, entspricht, projiziert ins Kamerabild, den dortigen Markierungen.

des Klothoidenmodells gerade am Übergang zwischen Kurve und Geradenstück endet. Der Krümmungswechsel kann nicht beschrieben werden. Anders bei dem erweiterten Modell, das nach diesem Wechsel eine stetige Zunahme des Fehlers aufweist, jedoch eine Repräsentation ermöglicht.

Auch zum Zeitpunkt mit der Bildnummer 270, Abbildungen 6.24 und 6.25, ist der unterschiedliche Sichtbereich auffällig, der wieder durch den Krümmungswechsel verursacht wird. Auch hier nimmt der Fehler mit der Entfernung zu und ist im gleichen Sichtbereich vergleichbar. Allerdings weichen die Schätzungen unter Verwendung der unterschiedlichen Modelle in die entgegengesetzte Richtung vom tatsächlichen Verlauf ab. Durch das Klothoidenmodell wurde das Ende der Kurve nicht repräsentiert, hierin liegt auch die Ursache des kürzeren Sichtbereichs. Mit dem Splinemodell ist das Ende der Kurve beschrieben, aber im Fernbereich verursachen die entfernten Kontrollpunkte eine Verzögerung in der Detektion des geraden Verlaufs. Durch die reduzierte Sichtweite innerhalb der Kurve sind keine bildbasierten Messungen für die entfernten Kontrollpunkte möglich. Die Glattheitsbedingungen beeinflussen diese Punkte, führen aber am Kurvenausgang zu einer verspäteten Anpassung der Punkte an den dann gemessenen Verlauf. Durch die Bedingungen, die als Messungen in den Kalman Filter eingehen, werden die Fehlerkovarianzen der Kontrollpunkte zu klein geschätzt. Dies führt zu einer Sicherheit in den Punkten, die nicht durch Messungen im Bild verursacht wurde, und damit zu einer verzögerten Schätzung des tatsächlichen Straßenverlaufs.

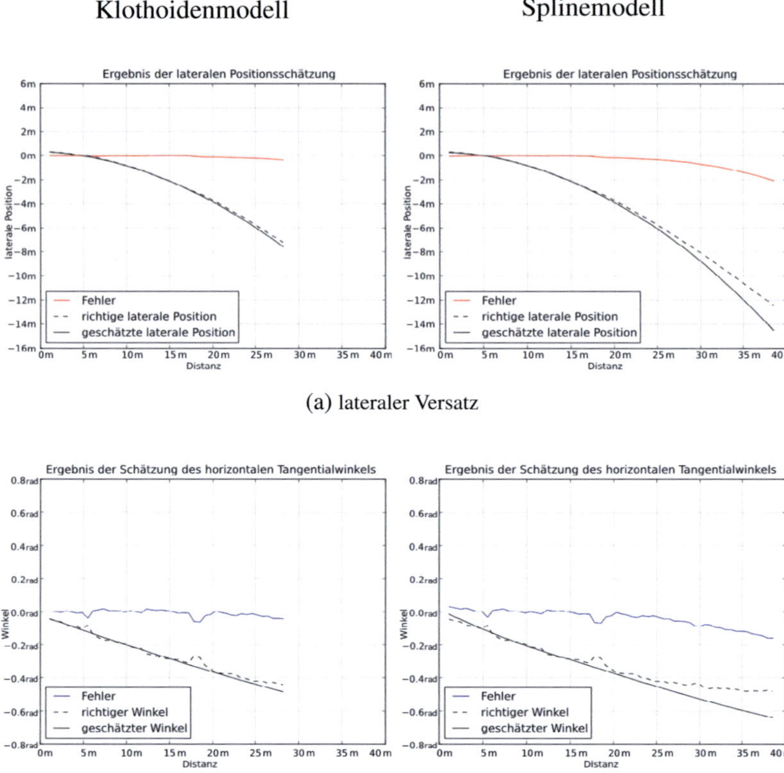

(a) lateraler Versatz

(b) horizontaler Tangentialwinkel

Abb. 6.22.: Situation Bildnummer 232: In (a) wird der Fehler im lateralen Versatz, in (b) im horizontalen Tangentialwinkel auf die Entfernung aufgetragen. Der Fehlerverlauf ist bis zu einer Entfernung von circa 28 m ähnlich. Während unter Verwendung des Klothoidenmodells der Straßenverlauf in einer größeren Entfernung nicht detektiert wird, ist eine Repräsentation mit dem Splinemodell bis zu einer Entfernung von circa 38 m möglich.

Klothoidenmodell   Splinemodell

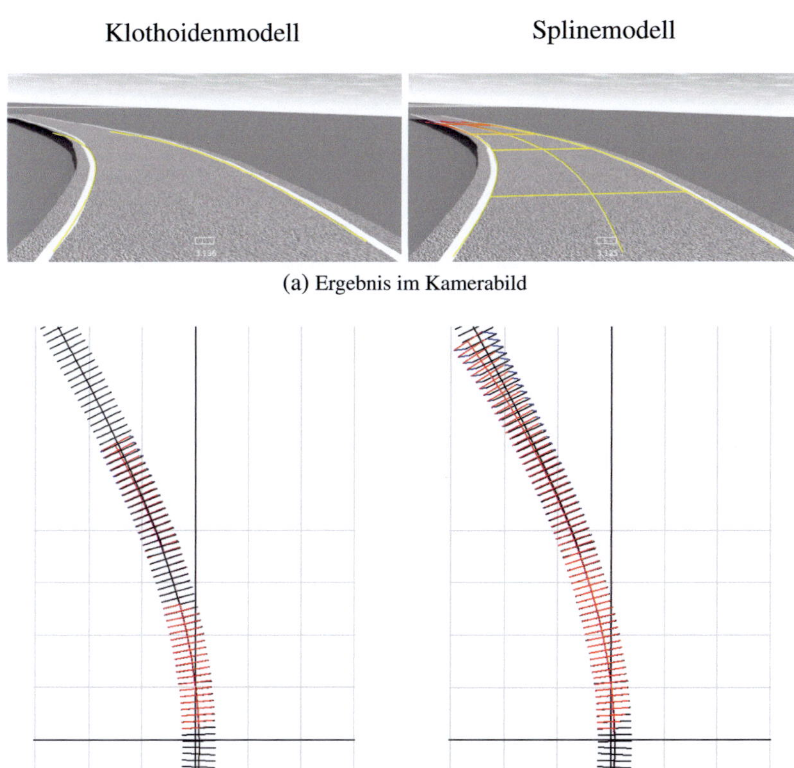

(a) Ergebnis im Kamerabild

(b) Ergebnis in der Vogelperspektive, Abstand der Gitterlinien ist 5 m.

Abb. 6.23.: Situation Bildnummer 232: Der Sichtbereich unter Verwendung des Klothoidenmodells, links, ist deutlich kürzer als beim Einsatz des Splinemodells. Dies resultiert aus der zu geringen Komplexität des Modells. Das Klothoidenmodell kann den Übergang zwischen der Kurve und dem Geradenstück nicht beschreiben, sodass nur eine Detektion bis zum Ausgang der Kurve möglich ist. Das Splinemodell hingegen ermöglicht eine solche Beschreibung, was allerdings zu einem geringfügig größeren Fehler im Bereich bis 28 m führt.

Klothoidenmodell   Splinemodell

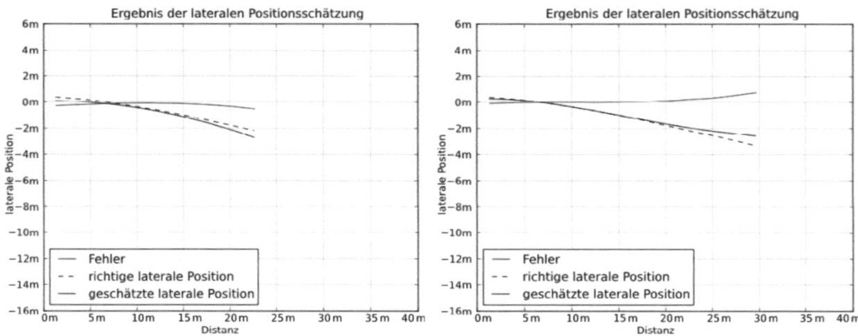

(a) lateraler Versatz

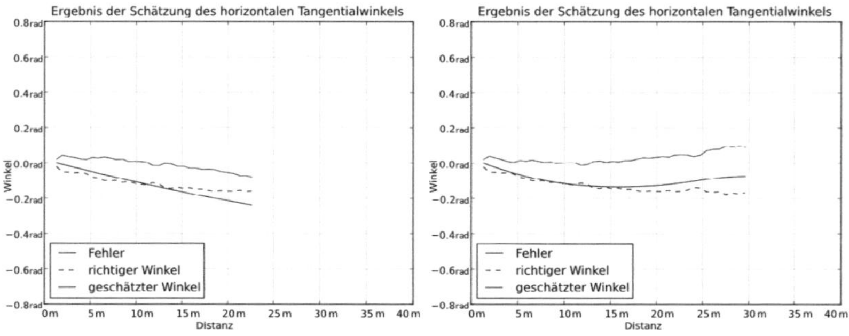

(b) horizontaler Tangentialwinkel

Abb. 6.24.: Situation Bildnummer 270: In (a) ist der Fehler im lateralen Versatz, in (b) im horizontalen Tangentialwinkel auf die Entfernung aufgetragen. Auch hier ist der Sichtbereich unter Verwendung des Splinemodells, rechts, weiter, als beim Einsatz des Klothoidenmodells, links. Die Abweichungen vom tatsächlichen Verlauf im Bereich zwischen 20 m und 22 m sind in der Größe vergleichbar, haben aber ein unterschiedliches Vorzeichen. Mit dem Klothoidenmodell ist der Ausgang der Kurve in diesem Bereich nicht modellierbar. Mit dem Splinemodell wird der entgegengesetzte Krümmungsverlauf danach eher überschätzt.

Klothoidenmodell   Splinemodell

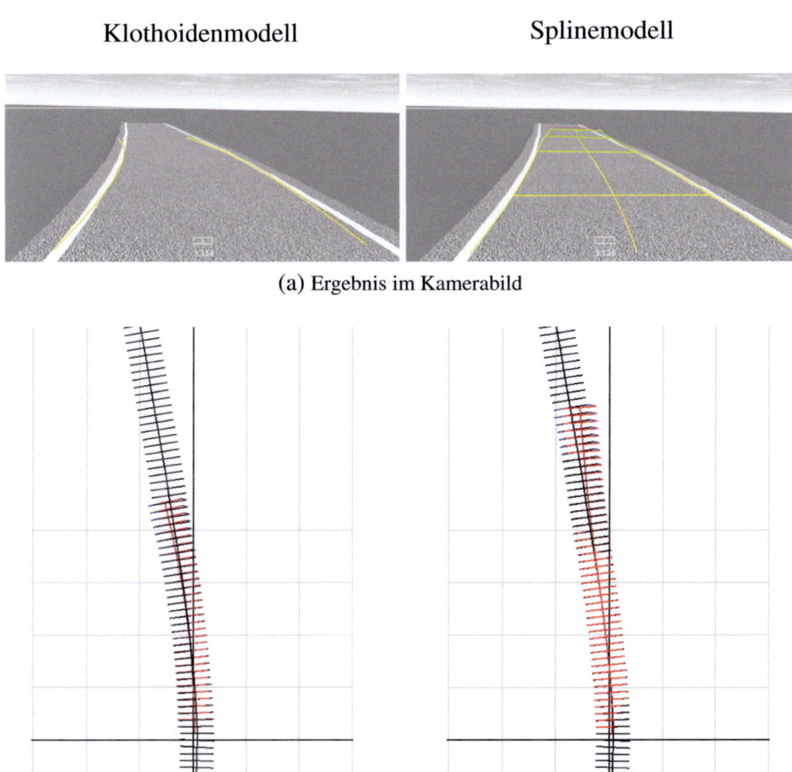

(a) Ergebnis im Kamerabild

(b) Ergebnis in der Vogelperspektive, Abstand der Gitterlinien ist 5 m.

Abb. 6.25.: Situation Bildnummer 270: Mit dem Klothoidenmodell, links, kann der
Übergang zwischen Kurve und Gerade nicht beschrieben werden, sodass der Sichtbereich kürzer ist als unter der Verwendung des Splinemodells, rechts. Allerdings ist durch das Splinemodell der weitere Verlauf
nach dem Krümmungsübergang fehlerhaft.

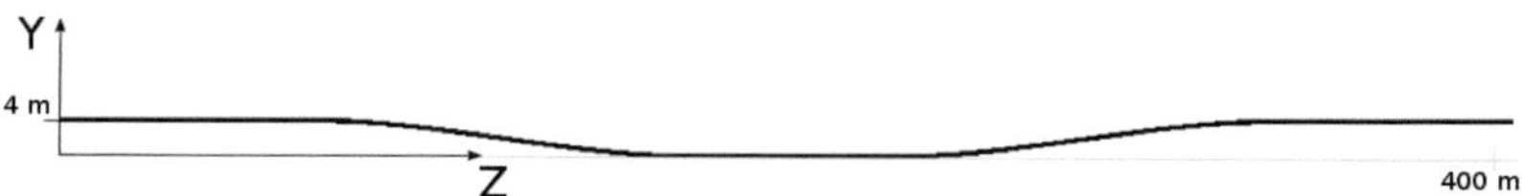

Abb. 6.26.: Szene im Profil: Zur Evaluation der Schätzung im Vertikalen wurde ein gerader Straßenverlauf mit einer Senke generiert.

6.2.2. Betrachtung der Genauigkeit in der vertikalen Krümmungsschätzung

Zur Evaluation der vertikalen Krümmung wurde ein Straßenverlauf generiert, der zunächst gerade verläuft und dann in eine Senke führt. Dort tritt eine leichte Kuppe auf, bevor er dann wieder ansteigt. Der Verlauf ist in Abbildung 6.26 dargestellt. Da die vertikale Krümmung der Straße vom planaren Klothoidenmodell nicht beschrieben werden kann, treten Fehler in anderen Parametern, wie Krümmung oder Gierwinkel, auf. Eine Auswertung mit dem tatsächlichen, bekannten vertikalen Straßenverlauf wird nur mit dem dreidimensionalen Modell beschrieben.

Für die Evaluation wurde im Sichtbereich die geschätzte Höhe der Straßenmittellinie mit der Höhe der Straße an dieser Stelle über die Entfernung verglichen. Hierzu wurde der RMSE berechnet, dessen Verlauf über die Sequenz in Abbildung 6.27 dargestellt ist. Die Abweichung liegt meist unter 0,025 cm, allerdings sind zwei Zeitpunkte, Bildnummer 145 bis 191 und Bildnummer 407, auffällig, die im Folgenden näher betrachtet werden.

Von Bildnummer 145 bis 191 nimmt der Fehler zu. Zum ersten Zeitpunkt, Abbildung 6.28a, ist der minimale Sichtbereich vor dem Abfall der Straße erreicht. Bis dahin ist der Fehler minimal. Im Bereich der Abfahrt an Bildnummer 191, dargestellt in Abbildung 6.28b, wird die Straßenhöhe unterschätzt, da die Kontrollpunkte, die zunächst nicht durch Messungen der

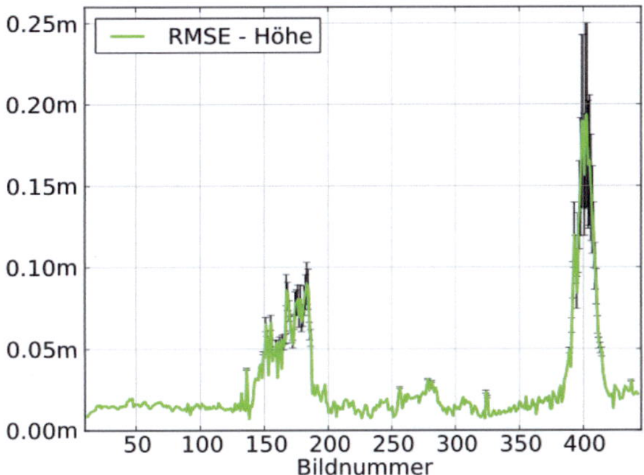

Abb. 6.27.: RMSE über den Höhenverlauf: Im Bereich von Bildnummer 145 bis 191 nimmt der Fehler zu. An Bildnummer 407 ist eine deutliche Spitze zu erkennen.

Straße beeinflusst wurden, erst zu diesem Zeitpunkt durch solche angepasst werden.

In Abbildung 6.29 sind zwei Situationen, zwischen Bildnummer 191 und 407 dargestellt, in denen der Fehler in der Höhenschätzung deutlich geringer ist. Die Situation mit Bildnummer 407, Abbildung 6.30, tritt am Ende des Anstiegs auf, der in Abbildung 6.29b zu erkennen ist. Die Höhe wird hier aus dem gleichen Grund wie in Bildnummer 191 unterschätzt. Der Sichtbereich ist deutlich reduziert durch die Kuppe, sodass einige Kontrollpunkte ausschließlich durch Glattheitsbedingungen beeinflusst werden. Erst nach der Kuppe sind Messungen des Straßenverlaufs aus den Kamerabildern möglich, die dann die Kontrollpunkte anpassen. Auch hier liegt die Ursache, wie bereits in Abschnitt 6.2.1 erwähnt, an einer zu geringen Fehlervarianz.

geschätzter Straßenverlauf im Kamerabild

Fehler in der Höhe über die Entfernung

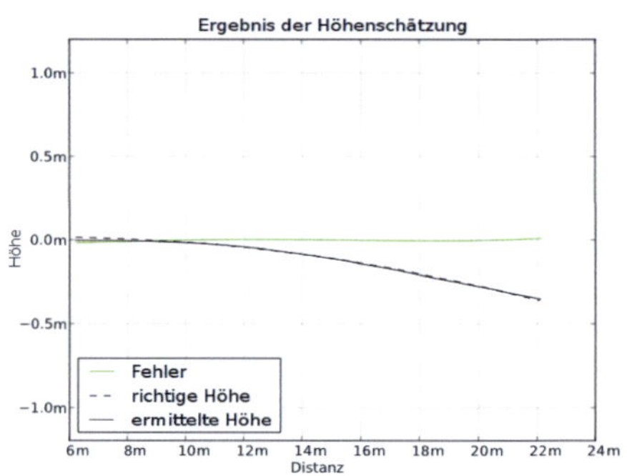

(a) Bildnummer 145: Der Fehler ist gering. Durch die Kuppe ist der Sichtbereich stark eingeschränkt.

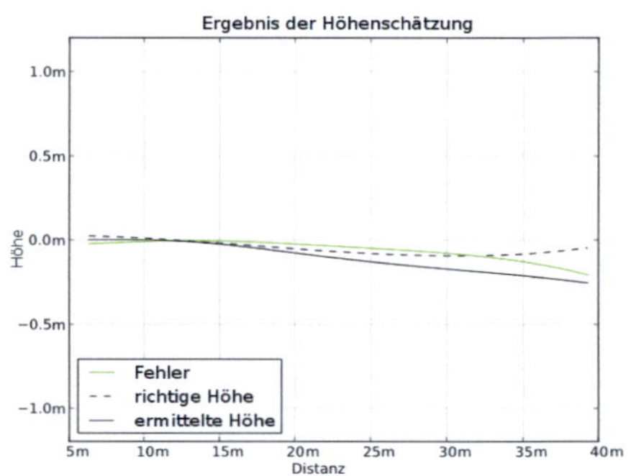

(b) Bildnummer 191: Nach der Kuppe ist der Sichtbereich deutlich weiter, allerdings ist der Fehler größer. Die Straßenhöhe wird unterschätzt.

Abb. 6.28.: Auffälliger Bereich im Fehlerverlauf: Der Fehler nimmt von der Situation in Bild 145 bis 191 zu, während sich der Sichtbereich nach der Kuppe erhöht.

geschätzter Straßenverlauf im Kamerabild

Fehler in der Höhe über die Entfernung

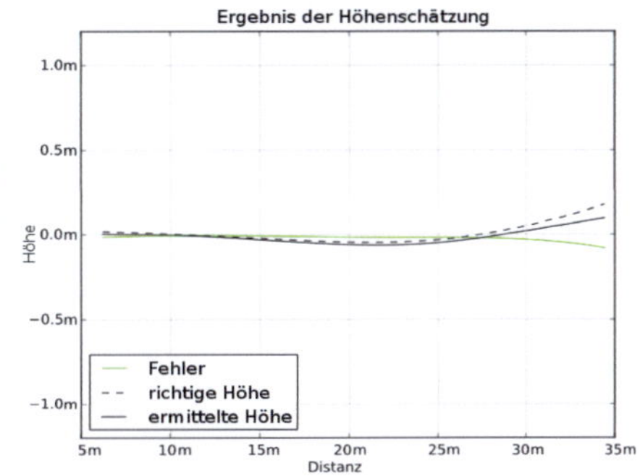

(a) Bildnummer 290: Der ebene Bereich zwischen Abfall und Anstieg der Straße wird mit nur geringer Abweichung beschrieben.

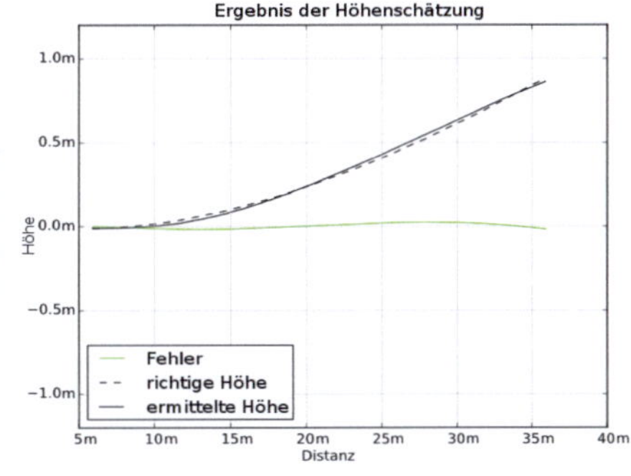

(b) Bildnummer 318: Der Anstieg der Straße wird durch das dreidimensionale Straßenmodell beschrieben und erkannt.

Abb. 6.29.: Situationen mit geringem Fehler: Zwischen Bild 191 und 407 ist der Straßenverlauf weitgehend einsehbar. Die Abweichung zwischen dem geschätzten und dem tatsächlichen Straßenverlauf ist gering.

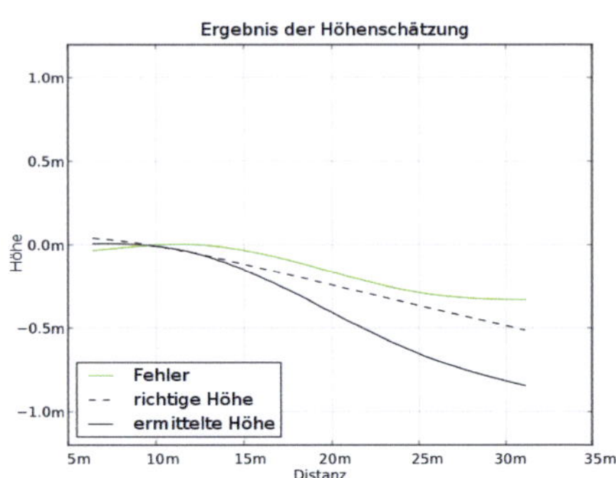

Abb. 6.30.: Auffälliger Bereich im Fehlerverlauf: An Bild 407 ist eine deutliche Spitze im Fehlerverlauf zu erkennen, die durch den reduzierten Sichtbereich aufgrund einer Kuppe verursacht ist. Nach dieser wird die Straßenhöhe unterschätzt. Die Zunahme des Fehlers tritt ab einer Entfernung von circa 15 m auf.

6.3. Einfluss der Straßenwölbung

Bei der Modellierung der Straße und der Bestimmung der Höhe beider Straßenränder wird die Wölbung der Straßenoberfläche zu den Rändern nicht berücksichtigt. Der resultierende Fehler kann nicht anhand einer generierten Straße evaluiert werden, da auch bei der Modellierung in der Simulationsumgebung eine ebene Straße angenommen wird.

Deshalb wurde bei einer realen Sequenz der Fehler zwischen den Stereomessungen und der geschätzten Querneigung betrachtet. Dies erfolgt entlang einer horizontalen Linie in einer Entfernung von etwa 12 m vor dem Fahrzeug innerhalb der Straßenränder.

Die zeitliche Veränderung des RMSE über eine Landstraßensequenz ist in Abbildung 6.31 dargestellt. Hierbei ist ein mittlerer Fehler von 1,8 cm zu erkennen, von dem vier Abweichungen deutlich hervortreten. Ein größerer Fehler tritt bei Bild 71 und 236 auf, ein sehr kleiner Fehler bei Bild 225 und 249.

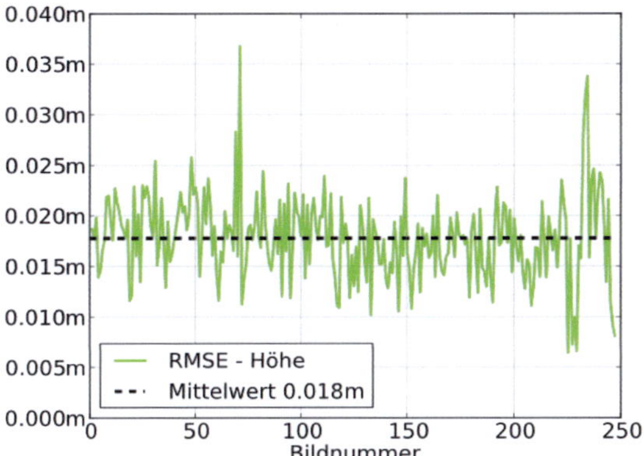

Abb. 6.31.: Zeitliche Darstellung des RMSE: Verglichen wird der Messfehler zwischen den Stereomessungen und der prädizierte Straßenneigung bei einer untersuchten Linie im Abstand von ungefähr 12 m. Im Mittel liegt die Abweichung bei 1,8 cm.

In Abbildung 6.32 ist die Situation von Bild 71 dargestellt. Hierbei ist in Abbildung 6.32a das Resultat der Straßenverlaufsschätzung zu sehen, die Stereomessungen zeigt Abbildung 6.32b. Farbig kodiert ist die Höhe der Messpunkte. Rot bedeutet negative Höhe, dunkelgrün positive Höhe und gelb repräsentiert die Höhe 0. Neben der Straßenwölbung, die durch die Stereomessungen erfasst wird, lässt sich auch die Messgenauigkeit der Stereoberechnung in der Höhe visualisieren. Im Straßenquerschnitt in Abbildung 6.32c sind rot die Stereomessungen eingezeichnet, die grüne Linie zeigt die geschätzte Straßenneigung. Zwischen -3 und -2 m sind zwei Fehlmessungen zu erkennen, die bei der Fehlerberechnung ins Gewicht fallen, doch im Vergleich zur Situation in Bild 234, die in Abbildung 6.33 dargestellt ist, treten nur wenige fehlerhafte Messungen auf. Der geringe Fehler aus Bild 225 und 249 ergibt sich durch die entgegenkommenden Fahrzeuge, die in den Kamerabildern 6.34a und 6.35a zu sehen sind. Durch die Freiraumberechnung, deren Ergebnis in den Bildern durch den grünen Linienverlauf visualisiert ist, wird der Auswertungsbereich auf die rechte Straßenseite eingeschränkt. Nur die halbe Straßenwölbung wird in der Schätzung und der Auswertung berücksichtigt, was zu einem kleineren Fehler führt. Der eingeschränkte Auswertungsbereich ist auch in den Querschnitten in Abbildung 6.34c und 6.35c zu sehen.

In Abbildung 6.33c, in der Darstellung des Straßenquerschnitts, ist die Streuung in der Höhenmessung erkennbar. Um die laterale Position von -2 m sind die negativen Höhenmessungen auffällig, die nicht der Wahrheit entsprechen können, aber bei der Fehlerberechnung stark ins Gewicht fallen.

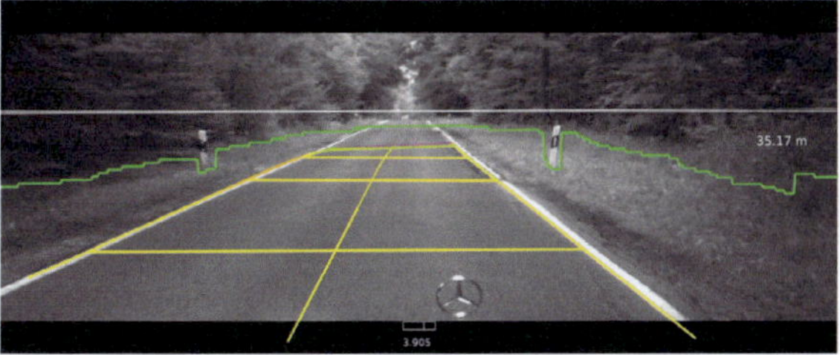

(a) Geschätzter Straßenverlauf: Die komplette Straßenbreite ist frei und wird in die Schätzung einbezogen.

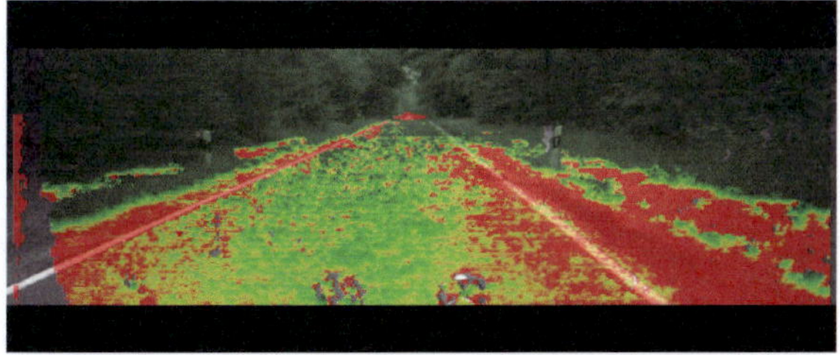

(b) Stereomessungen: Die Höhe ist farbig kodiert. Die tiefer liegenden Straßenrandbereiche sind in Rot dargestellt, während die erhöhte Straßenmitte grün gefärbt ist.

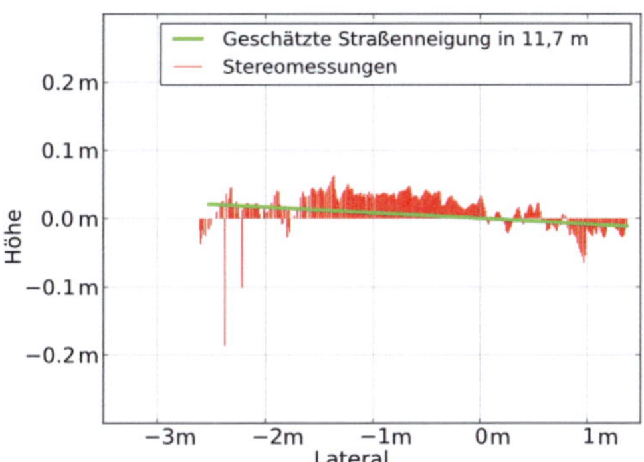

(c) Straßenquerschnitt in der Entfernung von 11,7 m: In Rot sind die Stereomessungen darge-stellt. Die grüne Linie zeigt die geschätzte Straßenneigung. Bis auf zwei Ausreißer zwi-schen -3 m und -2 m scheinen die Messungen plausibel. Die geschätzte Straßenneigung mittelt die Wölbung und zeigt eine nahezu ebene Straße.

Abb. 6.32.: Situation Bild 71: Im Kamerabild (a) ist die Straßensituation, eine ge-rade Landstraße ohne Gegenverkehr, zu sehen. Die Straßenwölbung kann man in der Höhendarstellung des Disparitätsbilds in (b) erkennen, die auch im Querschnitt in (c) durch die Stereomessungen beschrieben wird.

151

(a) Geschätzter Straßenverlauf: Das entgegenkommende Fahrzeug liegt nicht im Auswertungsbereich, sodass es keinen Einfluss auf die Auswertung hat.

(b) Stereomessungen: Die Höhe ist farbig kodiert. Hier ist im Disparitätsbild ein Bereich mit Fehlmessungen sichtbar.

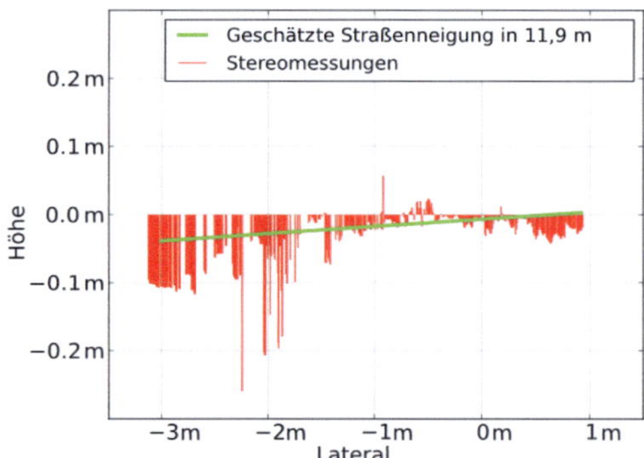

(c) Straßenquerschnitt in der Entfernung von 11,9 m: In Rot sind die Stereomessungen dargestellt. Die grüne Linie zeigt die geschätzte Straßenneigung. Zwischen -2,5 m und -1,5 m sind deutliche Ausreißer in den Stereomessungen zu erkennen, die den hohen Fehler verursachen.

Abb. 6.33.: Situation Bild 236: Fehlerhafte Stereomessungen verursachen den hohen Fehlerwert.

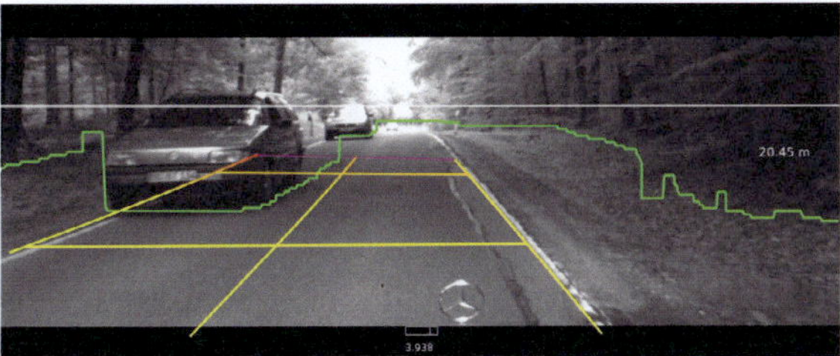

(a) Geschätzter Straßenverlauf: Durch das entgegenkommende Fahrzeug wird der Freiraum stark eingeschränkt.

(b) Stereomessungen: Die Höhe ist farbig kodiert. Das Fahrzeug ist in Dunkelgrün klar von der Umgebung abgegrenzt.

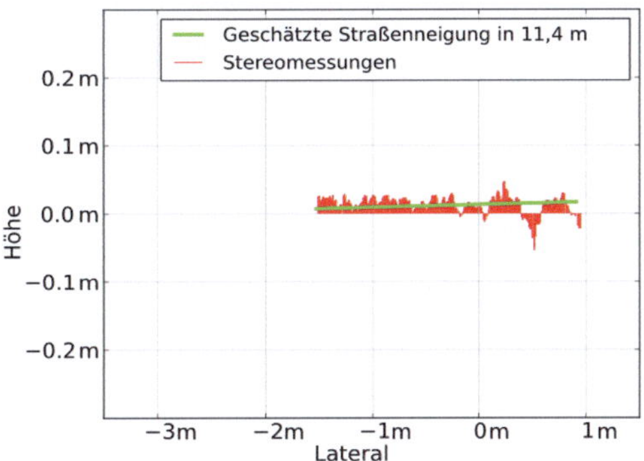

(c) Straßenquerschnitt in der Entfernung von 11,4 m: In Rot sind die Stereomessungen dargestellt. Die grüne Linie zeigt die geschätzte Straßenneigung. Durch das entgegenkommende Fahrzeug ist der Messbereich auf circa -1,6 m bis 1 m eingeschränkt.

Abb. 6.34.: Situation Bild 225: Das entgegenkommende Fahrzeug begrenzt den Messbereich, sodass nur durch die rechte Seite die Straßenneigung bestimmt wird. Der resultierende Fehler ist somit geringer.

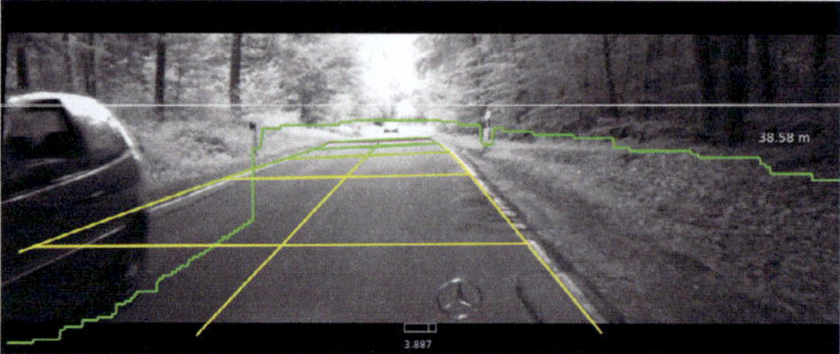

(a) Geschätzter Straßenverlauf: Ein Teil der Straße liegt nicht im berechneten Freiraum.

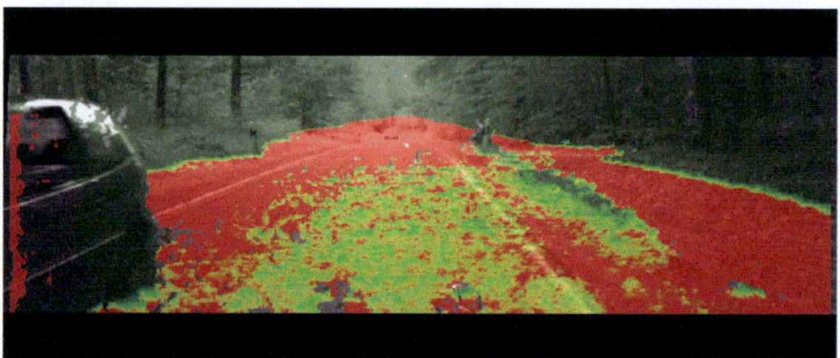

(b) Stereomessungen: Die Höhe ist farbig kodiert. Das vorbeifahrende Fahrzeug setzt sich deutlich von der Umgebung ab. Die Straßenwölbung ist erkennbar.

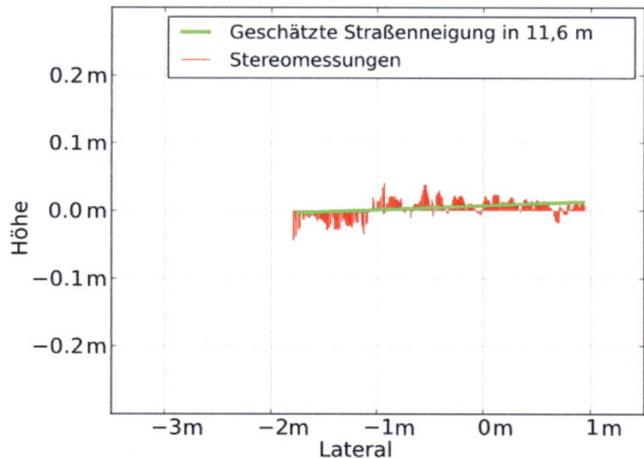

(c) Straßenquerschnitt in der Entfernung von 11,6 m: In Rot sind die Stereomessungen dargestellt. Die grüne Linie zeigt die geschätzte Straßenneigung. Der Freiraum schränkt den Bereich, anhand dessen der Straßenverlauf bestimmt wird, ein. Er wird auf circa -1.9 m bis 1 m reduziert.

Abb. 6.35.: Situation Bild 249: Das vorbeifahrende Fahrzeug beeinflusst die Freiraumberechnung, sodass ein Teil der Straße nicht zur Straßenverlaufsschätzung hinzugezogen wird.

7. Zusammenfassung und Ausblick

Schon Anfang der 1980er bis Mitte der 1990er Jahre wurde durch die Arbeit der Gruppe um Ernst D. Dickmanns der Grundstein für das autonome Fahren gelegt. Anhand von Kamerabildern wurde die Straßenmarkierung detektiert, die zusammen mit einem Straßenmodell in einen Kalman Filter zur Fahrstreifenschätzung eingingen. Bei dem damaligen Projekt konzentrierte man sich auf das Szenario der Autobahn, in dem der Straßenverlauf durch die dort vorgesehenen Geschwindigkeiten bestimmt wird. Enge Kurven und schnelle Krümmungsänderungen treten nicht auf, Steigungen oder Senken werden beim Straßenbau vermieden.

Ganz anderes die Situation der Landstraße. Dort wird die Straße den räumlichen Gegebenheiten angepasst. Auch wenn *„Lane Departure Warning"*-Systeme in niedrigeren Geschwindigkeitsbereichen aktiv sind, so ist das zugrunde liegende Straßenmodell nicht in der Lage, den Straßenverlauf von Landstraßen mit überhöhten Kurven und komplexen Krümmungsverläufen zu repräsentieren. Im Rahmen dieser Arbeit wurde ein dreidimensionales Straßenmodell entwickelt, das es ermöglicht, diese Straßenverläufe zu beschreiben.

In den letzten Jahrzehnten wurden einige Systeme zur Straßenverlaufserkennung entwickelt. Zahlreiche Arbeiten setzen auf den Grundlagen von Ernst D. Dickmanns auf, indem das damalige Modell erweitert, andere Sensorik oder andere Filteransätze verwendet werden. Auch andere Straßenmodelle wurden vorgestellt und getestet, doch die meisten Fahrzeugregelungsverfahren basieren auf den Parametern des damaligen Modells. Aus diesem Grund basiert das hier beschriebene Modell auf diesen Parametern und erweitert die Repräsentation um eine dreidimensionale Beschreibung.

Zur robusten Schätzung des dreidimensionalen Straßenverlaufs ist ein monokulares Kamerasystem nicht ausreichend. Erst durch die Hinzunahme einer zweiten Kamera und eines Stereoalgorithmus ist eine dreidimensionale Vermessung der Welt möglich. Das *„Semi-Global Matching"*(SGM)-Verfahren liefert ein nahezu dichtes Disparitätsbild, sodass auch sehr homogene Straßenoberflächen angemessen werden können. Eine Echtzeitberechnung auf einer FPGA-Karte ist möglich, sodass dieses Verfahren als Grundlage einer visuellen dreidimensionalen Umgebungserfassung im Fahrzeug dient.

Vorgeschaltet zur eigentlichen Straßenverlaufserkennung ist in dem realisierten System zum einen eine Nickwinkelschätzung und eine Freiraumberechnung, die beide auf Stereomessungen aufsetzten. Da der Nickwinkel eine hochdynamische Größe ist, wurde er aus dem Gesamtsystem separiert und durch eine spezielle Nickwinkelschätzung in Einzelbildern bestimmt. Bei der Detektion des vertikalen Straßenverlaufs können, durch erhabene Randbebauungen, vorausfahrende oder entgegenkommende Fahrzeuge, Fehlinterpretationen der Situation entstehen. Um dies zu verhindern, wurde anhand einer Freiraumerkennung die befahrbare Fläche vor dem Fahrzeug bestimmt, in dessen Bereich dann die Fahrstreifenerkennung erfolgt. Da bei der Freiraumerkennung zunächst von einer planaren Ebene ausgegangen wird, stellt eine Steigung eine Begrenzung des Freiraums dar. Aus diesem Grund geht der geschätzte vertikale Verlauf wiederum in die Freiraumberechnung mit ein, sodass zeitlich iterativ eine Verbesserung der Freiraumbestimmung und eine Vergrößerung des Sichtbereichs des vertikalen Straßenverlaufs erfolgt.

Das in der Arbeit entwickelte Modell basiert auf dem planaren Modell, das bereits Mitte der 1980er Jahre beschrieben wurde. Zur Erweiterung des Modells wurden drei B-Splinekurven eingesetzt. Die erste Splinekurve erweitert die horizontale Beschreibung des Straßenverlaufs. Da Splinekurven aus Polynomen zusammengesetzt sind, ist damit die Beschreibung eines komplexen Straßenverlaufs möglich. Zwei weitere Splinekurven werden verwendet, um den vertikalen Verlauf des rechten und linken Straßenrandes zu modellieren. Auf diese Weise ist nicht nur der Anstieg und Abfall des Straßenverlaufs darstellbar, sondern auch eine Repräsentation der Straßenverdrehung in überhöhten Kurven möglich.

Die Prädiktion des Splinekurven erfolgt durch eine Neuabtastung in jedem Zeitschritt. Da bei einem approximierenden Spline, wie einem B-Spline, die Stützstellen nicht auf der Kurve liegen, sondern die komplexe Hülle beschreiben, werden zunächst die Übergangspunkte zwischen den Polynomabschnitten neu bestimmt und aus diesen die Stützstellen berechnet. Durch das Neuabtasten der Kurve liegen die Stützstellen immer in der gleichen Entfernung zum Fahrzeug.

Der Einfluss einer Stützstelle auf den Verlauf einer Kurve beschränkt sich auf einen lokalen Bereich um die Position. Umgekehrt bedeutet dies aber auch, dass Messungen, durch die im Nahbereich die Kurve korrigiert wird, keine Auswirkung auf Punkte im Fernbereich haben. Um diese dennoch beeinflussen zu können, wurden Glattheitsbedingungen eingeführt. An Kurven oder Steigungen, wo der einsehbare Bereich reduziert ist, werden die entfernten Stützstellen mit diesen Bedingungen so beeinflusst, dass der Straßenverlauf, der aus dem Sichtbereich detektiert wurde, konstant fortgesetzt wird.

Grundlage für ein System zur bildbasierten, dreidimensionalen Straßenverlaufserkennung bilden, neben dem Straßenmodell, gleichermaßen die Messungen aus den Kamerabildern. Da die Straßenmarkierung das eindeutige Merkmal für die Grenze eines Fahrstreifens bildet, werden die Positionen der detektierten Markierungen als Messungen für den horizontalen Verlauf in dem verwendeten erweiterten Kalman Filter eingesetzt. Die Messungen für den vertikalen Verlauf werden aus den Stereomessungen innerhalb des prädizierten Fahrstreifen bestimmt. Nicht nur die Stereomessungen an der Markierung, sondern auch Messungen auf der Straßenoberfläche, wurden mittels Abtastlinien entlang des prädizierten Straßenverlaufs einbezogen. Eine Fehlschätzung der Straßenneigung durch erhabene Straßenränder, zum Beispiel Bordsteine, wird dadurch vermieden. Gleichzeitig verursachen Reflexionen auf der Fahrbahn tiefe und weit entfernte Messwerte, die durch eine Ausreißerbestimmung detektiert werden müssen, aber gerade in größeren Entfernungen schwer zu differenzieren sind.

Das Modell wird durch eine Funktion über die Entfernung beschrieben. In dem vorangegangenen System zur Fahrstreifendetektion auf Autobahnen wird der laterale Abstand zwischen dem prädizierten Straßenverlauf und der detektierten Markierung zur Korrektur des Zustandvektors verwendet. Ein Unterschied in der Entfernung zwischen dem Messpunkt und dem prädizierten Punkt kann in einem monokularen System nicht bestimmt werden. In einem Stereosystem kann diese Differenz berücksichtigt werden und gerade in engen Kurven oder an Steigungen darf diese Differenz nicht vernachlässigt werden. Obwohl gerade die Entfernung in einer Stereomessung der Wert mit der größten Unsicherheit ist, erfolgt die Zuordnung der Messung in dieser Arbeit nicht über die Entfernung des prädizierten, sondern des gemessenen Punktes.

Das erweiterte dreidimensionale Straßenmodell wurde anhand von aufgezeichneten und simulierten Straßensequenzen und in einem Versuchsfahrzeug evaluiert. Es erwies sich sowohl in der visuellen als auch in der qualitativen Evaluation als sinnvolle Erweiterung des planaren Klothoidenmodells. Bei der Auswertung zeigt sich, dass nicht nur der vertikale Straßenverlauf mit einer hohen Präzision erkannt wird, sondern auch im Horizontalen die Erweiterung des Straßenmodells zu einer erhöhten Präzision führt. Das entwickelte Modell ist in der Lage, die auf Landstraßen und in Baustellenabschnitten auftretenden Krümmungsänderungen zu repräsentieren und auch die Neigung der Straße darzustellen. Bei Versuchsfahrten zeigten sich Schwierigkeiten in folgenden Bereichen:

- Änderungen in der Straßenbreite

- sehr enge Kurven

- eine durch Kuppen oder Kurven reduzierte Sichtweite

Die Änderung der Straßenbreite kann konsistent in die Modellierung eingebaut werden, indem eine zusätzliche Splinefunktion verwendet wird, um diese zu repräsentieren.

Da bei der Modellierung eine Splinefunktion verwendet wurde, ist eine Repräsentation von sehr engen Kurven mit 90° oder mehr nicht möglich. Hierzu müsste eine Erweiterung der Modells erfolgen, sodass Splinekurven anstelle von -funktionen eingesetzt werden. Da der Sichtbereich der Kamera den Straßenverlauf in engen Kurven nicht erfasst, wurde im Rahmen dieser Arbeit auf eine solche Erweiterung verzichtet.

Vor Kuppen oder Kurven ist der Bereich, bis zu dem Höhenmessungen oder Straßenrandmessungen möglich sind, deutlich eingeschränkt. Da die Länge des dreidimensionalen Straßenmodells fest definiert ist, wird ein großer Abschnitt des Modells in solchen Situationen nicht durch Bildmessungen gestützt. Glattheitsbedingungen beeinflussen den Straßenverlauf nachhaltig und führen zu einer Verzögerung in der Detektion des Ausgangs der Kurve. Eine mögliche Lösung liegt in einer variablen Länge des Straßenmodells, sodass eine Beeinflussung des Schätzergebnisses durch Abschnitte, die nicht durch Messungen belegt werden, vermieden wird. Die Länge kann entweder durch die Anzahl der Kontrollpunkte oder durch deren Abstand variiert werden. Die erste Möglichkeit führt zu einer Änderung der Kalman Filter-Parameter. Bei der zweiten muss die Fehlerkovarianzmatrix des Filters adaptiert werden. Beide würden zu weitreichenden Anpassungen im System führen.

Der Nachteil der festen Länge des Modells kann aber in einer Fusion positiv genutzt werden. Sind durch andere Sensoren oder durch Kartenmaterial Informationen über den Krümmungsverlauf der Straße gegeben, so wird durch die Randbedingungen eine Möglichkeit der Vorsteuerung geboten. Bisher werden ausschließlich Glattheitsbedingungen verwendet. Sind nähere Informationen über den Straßenverlauf gegeben, so können diese stattdessen als Randbedingungen eingesetzt werden. Eine Latenz der Schätzung durch die fehlerhafte Annahme des nicht einsehbaren Straßenverlaufs kann dadurch vermieden werden. Auf diese Weise ist außerdem eine elegante Fusion einer kamerabasierten Fahrstreifenerkennung mit einem Straßenverlauf aus Karten möglich.

A. Anhang

A.1. Systemmodellierung

In dem im Rahmen dieser Arbeit entwickelten System zur dreidimensionalen Straßenverlaufserkennung wurde ein erweitertes Kalman Filter eingesetzt. Im Folgenden wird die Modellierung des Filters beschrieben.

Der Zustandsvektor s_t setzt sich aus denen im Abschnitt 4.1.2 eingeführten Parametern zusammen.

$$s_t = \left(W \ \ X_{\text{offset}} \ \ \Delta\psi \ \ C_0 \ \ P_X \ \ \Delta\alpha \ \ H_{\text{offset}} \ \ \theta \ \ P_{Y_l} \ \ P_{Y_r} \right)^T$$

A.2. Systemrauschen

Die Kovarianzmatrix des Systemrauschens Q wird mit den Standardabweichungen für die einzelnen Parametern definiert, die empirisch bestimmt wurden.

$$
\begin{aligned}
\sigma_W &= 0{,}029 \\
\sigma_{X_{\text{offset}}} &= 0{,}001 \\
\sigma_{\Delta\psi} &= 0{,}0015 \\
\sigma_{C_0} &= 0{,}0001 \\
\sigma_{P_{X,i}} &= 0{,}015 \, (Z_i + 1) \\
\sigma_{\Delta\alpha} &= 0{,}001 \\
\sigma_{H_{\text{offset}}} &= 0{,}001
\end{aligned}
$$

$$\sigma_\theta = 0,0002$$

$$\sigma_{P_{Y_l},i} = 0,04\,(Z_i+1)$$

$$\sigma_{P_{Y_r},i} = 0,04\,(Z_i+1)$$

Die Standardabweichungen des Systemrauschens der Kontrollpunkte wird abhängig über die Entfernung beschrieben. Hierbei bezeichnet Z_i die Entfernung des i-ten Kontrollpunktes.

Hieraus ergibt sich für Q

$$Q = \begin{bmatrix} \sigma_W^2 & 0 & 0 & 0 & 0 & 0 & 0 & 0 & 0 & 0 \\ 0 & \sigma_{X_{\text{offset}}}^2 & 0 & 0 & 0 & 0 & 0 & 0 & 0 & 0 \\ 0 & 0 & \sigma_{\Delta\psi}^2 & 0 & 0 & 0 & 0 & 0 & 0 & 0 \\ 0 & 0 & 0 & \sigma_{C_0}^2 & 0 & 0 & 0 & 0 & 0 & 0 \\ 0 & 0 & 0 & 0 & Q_{P_X} & 0 & 0 & 0 & 0 & 0 \\ 0 & 0 & 0 & 0 & 0 & \sigma_{\Delta\alpha}^2 & 0 & 0 & 0 & 0 \\ 0 & 0 & 0 & 0 & 0 & 0 & \sigma_{H_{\text{offset}}}^2 & 0 & 0 & 0 \\ 0 & 0 & 0 & 0 & 0 & 0 & 0 & \sigma_\theta^2 & 0 & 0 \\ 0 & 0 & 0 & 0 & 0 & 0 & 0 & 0 & Q_{P_{Y_l}} & 0 \\ 0 & 0 & 0 & 0 & 0 & 0 & 0 & 0 & 0 & Q_{P_{Y_r}} \end{bmatrix}$$

Die Kovarianzmatrizen des Systemrauschens der Kontrollpunkte wurde in den Matrizen Q_{P_X}, $Q_{P_{Y_l}}$ und $Q_{P_{Y_r}}$ zusammengefasst.

$$Q_{P_X} = \begin{bmatrix} \sigma_{P_{X,0}}^2 & \cdots & 0 \\ \vdots & \ddots & \vdots \\ 0 & \cdots & \sigma_{P_{X,n-1}}^2 \end{bmatrix}$$

$$
Q_{P_{Y_l}} = \begin{bmatrix} \sigma^2_{P_{Y_l},0} & \cdots & 0 \\ \vdots & \ddots & \vdots \\ 0 & \cdots & \sigma^2_{P_{Y_l},n-1} \end{bmatrix}
$$

$$
Q_{P_{Y_r}} = \begin{bmatrix} \sigma^2_{P_{Y_r},0} & \cdots & 0 \\ \vdots & \ddots & \vdots \\ 0 & \cdots & \sigma^2_{P_{Y_r},n-1} \end{bmatrix}
$$

A.3. Messungen und Messrauschen

Als Messungen gehen zum einen Informationen extrahiert aus den Kamerabildern ein, siehe Abschnitt 5, und zum anderen virtuelle Messungen, anhand derer die in den Abschnitten 4.1.2 und 4.1.2 beschriebenen Bedingungen in das Kalman Filter eingeführt werden.

A.3.1. Bildinformationen

Aus den Stereobildern werden zwei unterschiedliche Informationen bestimmt, die als Messungen in das Kalman Filter eingeführt werden.

Zum einen wird die Abweichung des prädizierten, in das Bild projizierten Straßenverlaufs zu einer zu detektierenden Straßenkante ermittelt. Hierzu wird der prädizierte Straßenverlauf abgetastet und orthogonal dazu eine relevante Kante im Bild ermittelt. Die Bildspalte der relevanten Kante entspricht der im Kalman Filter eingebrachten Messung. Als Standardabweichung wird

$$
\sigma_u = 4
$$

angenommen, da es durch die gerichtete Integration über einige Bildzeilen oder Bewegungsunschärfe zu Ungenauigkeiten in der Detektion der Kante kommen kann.

Zum anderen werden, wie in Abschnitt 5.3 beschrieben, anhand der Disparitäten Höhenmessungen des linken und rechten Straßenrandes bestimmt. Die Varianz des Messrauschens σ_Y^2 im Fahrzeugkoordiantensystem wird dort hergeleitet aus den Varianzen der Stereomessung im Kamerakoordinatensystem σ_y^2 und σ_z^2

$$\sigma_Y^2 = \sigma_y^2 + \tan^2(\alpha)\sigma_z^2\sigma_y^2 \quad = \quad \frac{z^2}{B^2 f_u^2}\sigma_d^2 z^2$$

$$\sigma_z^2 \quad = \quad \frac{z^2}{B^2 f_u^2}\left(y^2\sigma_d^2 + \left(\frac{f_u}{f_v}\right)^2 B^2 \sigma_v^2\right)$$

In dem entwickelten System wird die Standardabweichung für die Disparität σ_d und die Standardabweichung in der Bildzeile σ_v mit

$$\sigma_d \quad = \quad 0,05$$
$$\sigma_v \quad = \quad 0,01$$

angenommen.

A.3.2. Bedingungen

An das Kalman Filter werden zwei unterschiedliche Arten von Bedingungen, die lokalen und die Glattheitsbedingungen, gestellt, die in Form von Messungen in das Filter eingeführt werden.

Messrauschen für lokale Bedingungen

Die Standardabweichungen für die lokalen Bedingungen, beschrieben in Abschnitt 4.1.2, wurden so gewählt, dass eine Abweichung in der Position weniger zugelassen wird, als eine Abweichung in Ausrichtung oder Krümmung. Hierdurch kann die Splinefunktion einen Einfluss auf die Krümmung des kompletten Modells nehmen, der Einfluss in der lateralen Position ist allerdings vernachlässigbar.

$$
\begin{aligned}
\sigma_{\text{Position}} &= 1e-32 \\
\sigma_{\text{Ausrichtung}} &= 1e-16 \\
\sigma_{\text{Krümmung}} &= 1e-05
\end{aligned}
$$

Im Vertikalen sind die Standardabweichungen für die Bedingungen anders gesetzt.

$$
\begin{aligned}
\sigma_{\text{Höhe}} &= 8e-5 \\
\sigma_{\text{Steigung}_r} &= 7e-10 \\
\sigma_{\text{Steigung}_l} &= 7e-10 \\
\sigma_{\text{Neigung}} &= 8e-4
\end{aligned}
$$

Da eine vorangestellte Nickwinkelschätzung diesen Parameter in jedem Zyklus bestimmt, ist der Einfluss, der durch die Splinefunktionen erbracht wird, gering. Außerdem ist die Höhe, Steigung oder Neigung an der Fahrzeugposition im Kamerabild nicht beobachtbar. Aus den Messungen vor dem Fahrzeug müssen diese Modellvariablen bestimmt werden. Hierbei wird angenommen, dass die zu modellierende Steigung aufgrund der Nickwinkelschätzung äußerst gering ist, aber eine Querneigung der Straße oder eine Abweichung der Höhe auftreten kann. Dies wird auch durch den Parameter H_{offset}, der die Abweichung von der Kameraeinbauhöhe beschreibt, und dem Rollwinkel θ modelliert. Diese werden allerdings als sich nur langsam ändernd angenommen beziehungsweise die zeitliche Änderung ist abhängig von den Splinefunktionen beschrieben.

Messrauschen für Glattheitsbedingungen

Da die B-Splinefunktionen eine feste Länge unabhängig von der Sichtweite haben, ist es notwendig Glattheitsbedingungen für den Fernbereich einzuführen, siehe Abschnitt 4.1.2. Hierbei werden die Standardabweichungen des Messrauschens so gewählt, dass eine Glattheit in der Position weniger gefordert wird, als eine Glattheit in der Steigung oder Krümmung. Das hat zur Folge, dass die Splinefunktion im Fernbereich tendenziell eher den Wert 0 annehmen soll, der Funktionsverlauf ist als eben anzustreben, eine Krümmung ist nicht gewünscht. Das hat zur Folge, dass wenn durch die Messungen eine Krümmung beschrieben wird, diese durch das Kalman Filter bestimmt werden kann. Allerdings wird am Ende der Kurve, außerhalb des Sichtbereichs der Kamera, ein gerader Kurvenausgang präferiert.

$$\sigma_{\text{Position}_X} = 0,8 \tag{A.1}$$

$$\sigma_{\text{Steigung}_X} = 1e-4 \tag{A.2}$$

$$\sigma_{\text{Krümmung}} = 5e-15 \tag{A.3}$$

Im Vertikalen gibt es keine Krümmungsbedingung, nur für die Position und die Steigung wird der Wert 0 forciert.

$$\sigma_{\text{Position}_{Y_r}} = 0,1 \tag{A.4}$$

$$\sigma_{\text{Position}_{Y_l}} = 0,1 \tag{A.5}$$

$$\sigma_{\text{Steigung}_{Y_r}} = 1e-6 \tag{A.6}$$

$$\sigma_{\text{Steigung}_{Y_l}} = 1e-6 \tag{A.7}$$

A.3.3. Kovarianzmatrix des Messrauschens

Die Kovarianzmatrix des Messrauschens R beinhaltet alle Varianzen und Kovarianzen der Messungen. Es wird angenommen, dass die einzelnen Messungen unkorreliert sind, sodass sich die Matrix R zusammensetzt aus den Kovarianzmatrizen der einzelnen Messungen.

$$
R = \begin{bmatrix}
R_u & 0 & 0 & 0 & 0 & 0 \\
0 & R_Y & 0 & 0 & 0 & 0 \\
0 & 0 & R_{\mathrm{local}_X} & 0 & 0 & 0 \\
0 & 0 & 0 & R_{\mathrm{local}_Y} & 0 & 0 \\
0 & 0 & 0 & 0 & R_{\mathrm{smooth}_X} & 0 \\
0 & 0 & 0 & 0 & 0 & R_{\mathrm{smooth}_Y}
\end{bmatrix}
\tag{A.8}
$$

Hierbei bezeichnet R_u die Kovarianzmatrix aller Kantenmessungen über die Bildspalten und R_Y die Kovarianzmatrix aller Höhenmessungen.

$$
R_u = \begin{bmatrix}
\sigma_u^{2(0)} & \cdots & 0 \\
0 & \ddots & 0 \\
0 & \cdots & \sigma_u^{2(n-1)}
\end{bmatrix}
\tag{A.9}
$$

$$
R_Y = \begin{bmatrix}
\sigma_Y^{2(0)} & \cdots & 0 \\
0 & \ddots & 0 \\
0 & \cdots & \sigma_Y^{2(m-1)}
\end{bmatrix}
\tag{A.10}
$$

Die Kovarianzmatrizen der virtuellen lokalen Messungen der B-Splinefunktionen werden durch R_{local_X} und R_{local_Y} beschrieben.

$$
R_{\mathrm{local}_X} = \begin{bmatrix}
\sigma_{\mathrm{Position}}^2 & 0 & 0 \\
0 & \sigma_{\mathrm{Ausrichtung}}^2 & 0 \\
0 & 0 & \sigma_{\mathrm{Krümmung}}^2
\end{bmatrix}
\tag{A.11}
$$

$$R_{\text{local}_Y} = \begin{bmatrix} \sigma^2_{\text{Höhe}} & 0 & 0 & 0 \\ 0 & \sigma^2_{\text{Steigung}_r} & 0 & 0 \\ 0 & 0 & \sigma^2_{\text{Steigung}_l} & 0 \\ 0 & 0 & 0 & \sigma^2_{\text{Neigung}} \end{bmatrix} \qquad \text{(A.12)}$$

Durch die Matrizen R_{smooth_X} und R_{smooth_Y} werden die Kovarianzmatrizen der virtuellen Glattheitsmessungen bezeichnet.

$$R_{\text{smooth}_X} = \begin{bmatrix} \sigma^2_{\text{Position}_X} & 0 & 0 \\ 0 & \sigma^2_{\text{Steigung}_X} & 0 \\ 0 & 0 & \sigma^2_{\text{Krümmung}_X} \end{bmatrix} \qquad \text{(A.13)}$$

$$R_{\text{smooth}_Y} = \begin{bmatrix} \sigma^2_{\text{Position}_{Y_r}} & 0 & 0 & 0 \\ 0 & \sigma^2_{\text{Position}_{Y_l}} & 0 & 0 \\ 0 & 0 & \sigma^2_{\text{Steigung}_{Y_r}} & 0 \\ 0 & 0 & 0 & \sigma^2_{\text{Steigung}_{Y_l}} \end{bmatrix} \qquad \text{(A.14)}$$

Literaturverzeichnis

[Apo03]   N. E. Apostoloff und A. Zelinsky: *Robust vision based lane tracking using multiple cues and particle filtering.* In: *Proceedings of the IEEE Intelligent Vehicles Symposium*, S. 558–563, Juni 2003.

[Aru02]   M. S. Arulampalam, S. Maskell, N. Gordon und T. Clapp: „A Tutorial on Particle Filters for Online Nonlinear/Non-Gaussian Bayesian Tracking". *IEEE Transactions on Signal Processing* **50** (2), S. 174–188, Februar 2002.

[Bad07]   H. Badino, U. Franke und R. Mester: *Free Space Computation Using Stochastic Occupancy Grids and Dynamic Programming.* In: *Workshop on Dynamical Vision , ICCV*, 2007.

[Bad08]   H. Badino: *Binocular Ego-Motion Estimation for Automotive Applications.* Dissertation, Goethe Universität in Frankfurt am Main, 2008.

[Bai07]   L. Bai, Y. Wang und M. Fairhurst: „An Extended Hyperbola Model for Road Tracking for Video-based Personal Navigation". *Applications and Innovations in Intelligent Systems XV* **6**, S. 231–244, 2007.

[Bar10]   A. Barth: *Vehicle Tracking and Motion Estimation Based on Stereo Vision Sequences.* Dissertation, Rheinischen Friedrich-Wilhelms-Universität zu Bonn, 2010.

[Beh94]   R. Behringer: *Road Recognition from Multifocal Vision*. In: *Proceedings of the Intelligent Vehicles Symposium*, 1994.

[Beh95]   R. Behringer: *Detection of Discontinuities of Road Curvature Change by GLR*. In: *Proceedings of the IEEE Intelligent Vehicles Symposium*, 1995.

[Beh97]   R. Behringer: *Visuelle Erkennung und Interpretation des Fahrspurverlaufes durch Rechnersehen für ein autonomes Straßenfahrzeug*. Dissertation, Universität der Bundeswehr, München, 1997.

[Ben08]   N. Benmansour, R. Labayrade, D. Aubert und S. Glaser: *Stereovision-based 3D lane detection system: a model driven approach*. In: *11th International IEEE Conference on Intelligent Transportation Systems, 2008. ITSC 2008.*, S. 182 – 188, 2008.

[Ber97]   M. Bertozzi, A. Broggi und A. Fascioli: *Obstacle and lane detection on ARGO autonomous vehicle*. In: *Proceedings of Intelligent Transportation Systems Conference*, 1997.

[Ber98a]   M. Bertozzi und A. Broggi: „GOLD: A Parallel Real-Time Stereo Vision System for Generic Obstacle and Lane Detection“. *IEEE Transactions on Image Processing* **7**, S. 62–81, 1998.

[Ber98b]   M. Bertozzi, A. Broggi, G. Conte und A. Fascioli: *The Experience of the ARGO Autonomous Vehicle*. In: *Proceedings of SPIE - Enhanced and Synthetic Vision*, 1998.

[Bro99a]   A. Broggi, M. Bertozzi, C. G. L. Bianco, A. Fascioli und A. Piazzi: „The ARGO Autonomous Vehicle's Vision and Control Systems“. *International Journal of Intelligent Control and Systems* **3** (4), S. 409–441, Dezember 1999.

[Bro99b]   A. Broggi, M. Bertozzi und A. Fascioli: „ARGO and the MilleMiglia in Automatico Tour". *IEEE Intelligent Systems and their Applications* **14**, S. 55–64, Januar-Februar 1999.

[Bux91]   J. L. Buxton, S. K. Honey, W. E. Suchowerskyj und A. Tempelhof: „The Travelpilot: A Second-Generation Automotive Navigation System". *IEEE Transaction on Vehicular Technology* **40**, S. 41–44, 1991.

[Cec08]   M. Cech: *Fahrspurschätzung aus monokularen Bildfolgen für innerstädtische Fahrerassistenzanwendungen.* Dissertation, Universität Karlsruhe, 2008.

[Che06]   Q. Chen und H. Wang: *A Real-time Lane Detection Algorithm Based on a Hyperbola-Pair Model.* In: *Proceedings of IEEE International Symposium on Computer Vision,* 2006.

[Cra04]   H. Cramer, U. Scheunert und G. Wanielik: *A New Approach for Tracking Lane by Fusing Image Measurements with Map Data.* In: *Proceedings of the IEEE Intelligent Vehicles Symposium,* 2004.

[Cri91]   J. Crisman und C. Thorpe: *UNSCARF, A Color Vision System for the Detection of Unstructured Roads.* In: *Proceedings of IEEE International Conference on Robotics and Automation,* 1991.

[Cri93]   J. Crisman und C. Thorpe: „SCARF: A Color Vision System that Tracks Roads and Intersections". *IEEE Trans. on Robotics and Automation* **9** (1), S. 49–58, 1993.

[Dan08]   R. Danescu, S. Nedevschi, M.-M. Meinecke und T.-B. To: *A Stereovision-Based Probabilistic Lane Tracker for Difficult Road Scenarios.* In: *Proceedings of the IEEE Intelligent Vehicles Symposium,* 2008.

[Dan09]   T. Dang und C. Stiller: „Kontinuierliche Selbstkalibrierung von Stereokameras“. *Technisches Messen* **76**, S. 167–174, 2009.

[Dar09]   M. Darms, M. Komar und S. Lüke: *Gridbasierte Straßenrandschätzung für ein Spurhaltesystem.* In: *6. Workshop Fahrerassistenzsysteme*, 2009.

[Dar10]   M. Darms, M. Komar und S. Lüke: *Map based Road Boundary Estimation.* In: *Proceedings of the IEEE Intelligent Vehicles Symposium*, 2010.

[Dic86]   E. Dickmanns und A. Zapp: „A Curvature-Based Scheme for Improving Road Vehicle Guidance by Computer Vision“. *SPIE* **727**, S. 161–168, Oktober 1986.

[Dic92]   E. D. Dickmanns und B. D. Mysliwetz: „Recursive 3-D Road and Relative Ego-State Recognition“. *IEEE Trans. Pattern Anal. Mach. Intell.* **14** (2), S. 199–213, 1992.

[Dic94]   E. D. Dickmanns, R. R. Behringer, D. Dickmanns, T. Hildebrandt, F. T. M. Maurer und J. Schiehlen: *The Seeing Passenger Car 'VaMoRs-P'.* In: *Proceedings of IEEE Intelligent Vehicles Symposium*, 1994.

[Die05]   K. Dietmayer, N. Kämpchen, K. Fürstenberg, J. Kibbel, W. Justus und R. Schulz: „Roadway Detection and Lane Detection using Multilayer Laserscanner“. *Advanced Microsystems for Automotive Applications 2005* **2**, S. 197–213, 2005.

[Ern08]   I. Ernst und H. Hirschmüller: *Mutual Information based Semi-Global Stereo Matching on the GPU.* In: *Proceedings of the International Symposium on Visual Computing (ISVC)*, 2008.

[Far02]   G. E. Farin, J. Hoschek und M.-S. Kim (Hrsg.): *Handbook of Computer Aided Geometric Design*. North-Holland, 2002.

[Fas97]   A. Fascioli: *GOLD: A Parallel Real-Time Stereo Vision System for Generic Obstacle and Lane Detection*. http://vislab.unipr.it/GOLD/, 1997. 2006-04-20.

[FfdSuV84] A. S. Forschungsgesellschaft für die Straßen-und Verkehrswesen: *Richtlinien für die Anlage von Straßen RAS, Teil: Linienführung (RAS-L), Abschnitt 1: Elemente der Linienführung, RAS-L-1*, 1984.

[Fra07]   U. Franke, H. Loose und C. Knöppel: *Lane Recognition on Country Roads*. In: *Proceedings of IEEE Intelligent Vehicles Symposium*, 2007.

[Geh09]   S. K. Gehrig, F. Eberli und T. Meyer: „A Real-Time Low-Power Stereo Vision Engine Using Semi-Global Matching". *Computer Vision Systems, Lecture Notes in Computer Science* **5815/2009**, S. 134–143, 2009.

[Geh10]   S. Gehrig und C. Rabe: *Real-Time Semi-Global Matching on the CPU*. In: *Proceedings of the IEEE Workshop on Embedded Computer Vision (ECVW)*, 2010.

[Ger00]   A. Gern, U. Franke und P. Levi: *Advanced Lane Recognition – Fusing Vision and Radar*. In: *Proceedings of the IEEE Intelligent Vehicles Symposium*, 2000.

[Ger01]   A. Gern, T. Gern, U. Franke und G. Breuel: *Robust Lane Recognition Using Vision and DGPS Road Course Information*. In: *Proceedings of the IEEE Intelligent Vehicles Symposium*, 2001.

[Ger05]   A. Gern: *Multisensorielle Spurerkennung für Fahrerassistenzsysteme*. Dissertation, Universität Stuttgart, Logos Verlag Berlin, 2005.

[Gol99]   J. Goldbeck und B. Huertgen: *Lane detection and tracking by video sensors*. In: *International Conference on Intelligent Transportation Systems, 1999. Proceedings.*, 1999.

[Hir05]   H. Hirschmüller: *Accurate and Efficient Stereo Processing by Semi-Global Matching and Mutual Information*. In: *IEEE Conference on Computer Vision and Pattern Recognition*, 2005.

[Hir09]   H. Hirschmüller und D. Scharstein: „Evaluation of Stereo Matching Costs on Images with Radiometric Differences". *IEEE Transactions on Pattern Analysis and Machine Intelligence* **31(9)**, S. 1582–1599, 2009.

[Jä97]   B. Jähne: *Digitale Bildverarbeitung*. Springer-Verlag, 1997.

[Kal60]   R. E. Kalman: „A New Approach to Linear Filtering and Prediction Problems". *Transactions of the ASME–Journal of Basic Engineering* **82D**, S. 35–45, 1960.

[Kas88]   M. Kass, A. Witkin und D. Terzopoulos: „Snakes: Active Contour Models". *International Journal of Computer Vision* **1** (4), S. 321–331, 1988.

[Kho02]   D. Khosla: *Accurate estimation of forward path geometry using two-clothoid road model*. In: *Proceedings of IEEE Intelligent Vehicles Symposium*, 2002.

[Klu94]   K. Kluge: *Extracting Road Curvature and Orientation From Image Edge Points Without Perceptual Grouping Into Features*. In: *Proceedings of IEEE Intelligent Vehicles Symposium*, 1994.

[Kre99]   C. Kreucher und S. Lakshmanan: „LANA: A Lane Extraction Algorithm that Uses Frequency Domain Features". *IEEE Transactions on Robotics and Automation* **15** (2), S. 343–350, April 1999.

[Lab02]   R. Labayrade, D. Aubert und J.-P. Tarel: *Real Time Obstacle Detection on Non Flat Road Geometry through 'V-Disparity' Representation*. In: *Proceedings of IEEE Intelligent Vehicle Symposium*, S. 646–651, 2002.

[Lak98]   S. Lakshmanan, K. Kaliyaperumal und K. Kluge: *LEXLUTHER: An Algorithm for Detecting Roads and Obstacles in Radar Images*. In: *IEEE International Conference on Intelligent Transportation Systems*, S. 415 – 420, 1998.

[Loh01]   W. Lohmiller und EADS Deutschland GmbH: *Software Patent: Trajectory control for vehicles with a trajectory influenced by a fluid flow, trajectory control system and method for providing a control signal for such an application*, 12 2001. published 2001-12-12.

[Loo09]   H. Loose, U. Franke und C. Stiller: *Kalman Particle Filter for Lane Recognition on Rural Roads*. In: *Proceedings of the IEEE Intelligent Vehicles Symposium*, 2009.

[Mat10]   N. Mattern, R. Schubert und G. Wanielik: *High-accurate vehicle localization using digital maps and coherency images*. In: *Proceedings of the IEEE Intelligent Vehicles Symposium*, 2010.

[McC04]   J. C. McCall und M. M. Trivedi: *An Integrated, Robust Approach to Lane Marking Detection and Lane Tracking*. In: *Proceedings of the IEEE Intelligent Vehicles Symposium*, 2004.

[Mei03]   U. Meis und R. Schneider: *Radar image acquisition and interpretation for automotive applications*. In: *Proceedings of the IEEE Intelligent Vehicles Symposium*, 2003.

[Mei10]   U. Meis, W. Klein und C. Wiedemann: *A New Method for Robust Far-distance Road Course Estimation in Advanced Driver Assistance Systems*. In: *Proceedings of the IEEE Conference on Intelligent Transportation Systems*, 2010.

[Meu09]   M. Meuter, S. Müller-Schneiders, A. Mikay, S. Hold, C. Nunn und A. Kummert: *A Novel Approach to Lane Detection and Tracking*. In: *Proceedings of IEEE International Conference on Intelligent Transportation Systems*, 2009.

[Mys90]   B. Mysliwetz: *Parallelrechner-basierte Bildfolgen-Interpretation zur autonomen Fahrzeugsteuerung*. Dissertation, Universität der Bundeswehr München, Fakultät für Luft- und Raumfahrttechnik, 1990.

[Ned04]   S. Nedevschi, R. Schmidt, T. Graf, R. Danescu, D. Frentiu, T. Marita, F. Oniga und C. Pocol: *3D Lane Detection System Based on Stereovision*. In: *Proceedings of the IEEE Intelligent Transportation Systems Conference*, Oktober 2004.

[Pin08]   O. Pink: *Visual map matching and localization using a global feature map*. In: *CVPR Workshop on Visual Localization for Mobile Platforms*, 2008.

[Pom89]   D. A. Pomerleau. „ALVINN: an autonomous land vehicle in a neural network". *Advances in neural information processing systems* **1**, S. 305–313, 1989.

[Pom96]   D. Pomerleau und T. Jochem: „Rapidly Adapting Machine Vision for Automated Vehicle Steering". *IEEE Expert: Spe-*

cial Issue on Intelligent System and their Applications **11** (2), S. 19–27, April 1996. see also IEEE Intelligent Systems.

[Pom06] D. Pomerleau und T. Jochem: *Vision Guided 2850 Mile Autonomous Drive.* http://www.cs.cmu.edu/afs/cs/user/tk/www/ /Projects_www/IU_white_paper/auto/pomerleau.html, 2006. 2006-04-20.

[Ran99] B. Ran und H. X. Liu: *Development of A Vision-Based Real Time Lane Detection and Tracking System for Intelligent Vehicles*, November 1999. Department of Civil and Environmental Engineering, University of Wisconsin at Madison.

[Ris98] R. Risack, P. Klausmann, W. Krüger und W. Enkelmann: *Robust Lane Recognition Embedded in a Real-Time Driver Assistance System.* In: *Proceedings of the IEEE Intelligent Vehicles Symposium*, 1998.

[Sal06] D. Salomon: *Curves and Surfaces for Computer Graphics.* Springer Science+Business Media, Inc., 2006.

[Ser08] M. Serfling, R. Schweiger und W. Ritter: *Road course estimation in a night vision application using a digital map, a camera sensor and a prototypical imaging radar system.* In: *Proceedings of the IEEE Intelligent Vehicles Symposium*, 2008.

[Sie92] G. Siegle, J. Geisler, F. Laubenstein, H.-H. Nagel und G. Struck: *Autonomous Driving on a Road Network.* In: *Proceedings of the IEEE Intelligent Vehicles Symposium*, 1992.

[Smu06] P. Smuda, R. Schweiger, H. Neumann und W. Ritter: *Multiple Cue Data Fusion with Particle Filters for Road Course Detection in Vision Systems.* In: *Proceedings of the IEEE Intelligent Vehicles Symposium*, 2006.

[Sou01]   B. Southall und C. Taylor: „Stochastic Road Shape Estimation". *International Conference on Computer Vision* **1**, S. 205–212, 2001.

[Spa01]   J. Sparbert, K. Dietmayer und D. Streller: *Lane Detection and Street Type Classification using Laser Range Images.* In: *IEEE Transaction on Intelligent Transportation Systems*, 2001.

[Ste09]   P. Steingrube, S. K. Gehrig und U. Franke: *Performance Evaluation of Stereo Algorithms for Automotive Applications.* In: *Proceedings of the 7th International Conference on Computer Vision Systems: Computer Vision Systems*, ICVS '09, S. 285–294, Springer-Verlag, Berlin, Heidelberg, 2009.

[Tay96]   C. J. Taylor, J. Malik und J. Weber: *A Real-Time Approach to Stereopsis and Lane-Finding.* In: *Proceedings of the IEEE Intelligent Vehicles Symposium*, S. 207–213, September 1996.

[Tom91]   C. Tomasi und T. Kanade: *Detection and Tracking of Point Features.* Techn. Ber. CMU-CS-91-132, Carnegie Mellon University, April 1991.

[Ulm94]   B. Ulmer: *VITA II - Active Collision Avoidance in Real Traffic.* In: *Proceedings of the IEEE Intelligent Vehicles Symposium*, 1994.

[van00]   R. van der Merwe, A. Doucet, N. de Freitas und E. Wan: *The Unscented Particle Filter.* Techn. Ber., Cambridge University Engineering Department, 2000.

[Vio97]   P. Viola und W. M. W. III: „Alignment by Maximization of Mutual Information". *International Journal of Computer Vision* **24(2)**, S. 137–154, 1997.

[Wan98] Y. Wang, D. Shen und E. K. Teoh: *Lane detection using Catmull-Rom Spline*. In: *Proceedings of the IEEE Intelligent Vehicles Symposium*, 1998.

[Wan04] Y. Wang, E. K. Teoh und D. Shen: „Lane detection and tracking using B-Snake". *Image and Vision Computing* **22** (4), S. 269–280, April 2004.

[Wan08] Y. Wang, L. Bai und M. Fairhurst: „Robust Road Modeling and Tracking Using Condensation". *IEEE Transactions on Intelligent Transportation Systems* **9** (4), S. 570 – 579, 2008.

[Wed09] A. Wedel, H. Badino, C. Rabe, H. Loose, U. Franke und D. Cremers: „B-Spline Modeling of Road Surfaces With an Application to Free-Space Estimation". *Transactions on Intelligent Transportation Systems* **10**, S. 572 – 583, 2009.

[Wel95] G. Welch und G. Bishop: *An introduction to the Kalman filter*. Techn. Ber., University of North Carolina at Chapel Hill, 1995.

[Yag00] Y. Yagi, M. Brady, Y. Kawasaki und M. Yachida: *Active Contour Road Model for Smart Vehicle*. In: *International Conference on Pattern Recognition*, Bd. 3, 2000.

[Zab94] R. Zabih und J. Woodfill: *Non-Parametric Local Transforms for Computing Visual Correspondence*. In: *Proceedings of the European Conference of Computer Vision*, 1994.

[Zha97] Z. Zhang: „Parameter Estimation Techniques: A Tutorial with Application to Conic Fitting". *Image and Vision Computing* **15**, S. 59–76, 1997.

[Zog09] J.-M. Zogg: *GPS Compendium, Essentials of Satellite Navigation*, Juli 2009.

**Schriftenreihe
Institut für Mess- und Regelungstechnik
Karlsruher Institut für Technologie
(1613-4214)**

Die Bände sind unter www.ksp.kit.edu als PDF frei verfügbar oder als
Druckausgabe bestellbar.

Band 001   Hans, Annegret
            Entwicklung eines Inline-Viskosimeters auf Basis eines
            magnetisch-induktiven Durchflussmessers. 2004
            ISBN 3-937300-02-3

Band 002   Heizmann, Michael
            Auswertung von forensischen Riefenspuren mittels
            automatischer Sichtprüfung. 2004
            ISBN 3-937300-05-8

Band 003   Herbst, Jürgen
            Zerstörungsfreie Prüfung von Abwasserkanälen mit
            Klopfschall. 2004
            ISBN 3-937300-23-6

Band 004   Kammel, Sören
            Deflektometrische Untersuchung spiegelnd
            reflektierender Freiformflächen. 2005
            ISBN 3-937300-28-7

Band 005   Geistler, Alexander
            Bordautonome Ortung von Schienenfahrzeugen mit
            Wirbelstrom-Sensoren. 2007
            ISBN 978-3-86644-123-1

Band 006   Horn, Jan
            Zweidimensionale Geschwindigkeitsmessung
            texturierter Oberflächen mit flächenhaften
            bildgebenden Sensoren. 2007
            ISBN 978-3-86644-076-0

Band 007   Hoffmann, Christian
            Fahrzeugdetektion durch Fusion monoskopischer
            Videomerkmale. 2007
            ISBN 978-3-86644-139-2

Band 008   Dang, Thao
            Kontinuierliche Selbstkalibrierung von Stereokameras.
            2007
            ISBN 978-3-86644-164-4

Band 009   Kapp, Andreas
            Ein Beitrag zur Verbesserung und Erweiterung der
            Lidar-Signalverarbeitung für Fahrzeuge. 2007
            ISBN 978-3-86644-174-3

Band 010   Horbach, Jan
            Verfahren zur optischen 3D-Vermessung spiegelnder
            Oberflächen. 2008
            ISBN 978-3-86644-202-3

Band 011   Böhringer, Frank
            Gleisselektive Ortung von Schienenfahrzeugen mit
            bordautonomer Sensorik. 2008
            ISBN 978-3-86644-196-5

Band 012   Xin, Binjian
            Auswertung und Charakterisierung dreidimensionaler
            Messdaten technischer Oberflächen mit Riefentexturen.
            2009
            ISBN 978-3-86644-326-6

Band 013   Cech, Markus
            Fahrspurschätzung aus monokularen Bildfolgen für
            innerstädtische Fahrerassistenzanwendungen. 2009
            ISBN 978-3-86644-351-0

Band 014   Speck, Christoph
            Automatisierte Auswertung forensischer Spuren auf
            Patronenhülsen. 2009
            ISBN 978-3-86644-365-5

Band 015   Bachmann, Alexander
            Dichte Objektsegmentierung in Stereobildfolgen. 2010
            ISBN 978-3-86644-541-3